普通高等教育“十一五”国家级规划教材配套用书
普通高等教育计算机基础课程规划教材

C 语言程序设计实验指导与习题解答（第二版）

杨彩霞　杨新锋　杨艳燕　主　编

中国铁道出版社有限公司
CHINA RAILWAY PUBLISHING HOUSE CO., LTD.

内容简介

本书是普通高等教育“十一五”国家级规划教材《C语言程序设计（第二版）》（刘克成、张凌晓主编）一书的配套教学参考书。全书内容包括Visual C++ 6.0集成开发环境的操作说明；C语言程序设计课程的实验项目及其参考答案；主教材习题的参考答案；五套综合练习及一个课程设计示例。

书中的实验及程序代码都进行了验证，习题参考答案也全部上机调试通过。实验、习题、综合练习和课程设计内容丰富，具有启发性和综合性，不仅与理论教学紧密配合，而且有很高的实用价值。

本书是学习C语言及上机实践的必备参考书，适合作为高等院校计算机专业或其他专业的程序设计教程，也可作为从事计算机应用的科技人员的参考书或培训教材。

图书在版编目（CIP）数据

C语言程序设计实验指导与习题解答 / 杨彩霞，杨新锋，杨艳燕主编. —2版. —北京：中国铁道出版社，2012.1（2021.8重印）

普通高等教育“十一五”国家级规划教材配套用书. 普通高等教育计算机基础课程规划教材

ISBN 978-7-113-13991-9

Ⅰ. ①C… Ⅱ. ①杨… ②杨… ③杨… Ⅲ. ①C语言－程序设计－高等学校－教学参考资料 Ⅳ. ①TP312

中国版本图书馆CIP数据核字（2011）第278078号

书　　名：C语言程序设计实验指导与习题解答
作　　者：杨彩霞　杨新锋　杨艳燕

策　　划：吴宏伟
责任编辑：杜　鹏　彭立辉
封面设计：付　巍
封面制作：白　雪
责任印制：樊启鹏

出版发行：中国铁道出版社有限公司（100054，北京市西城区右安门西街8号）
网　　址：http:// www.tdpress.com/51eds/
印　　刷：北京铭成印刷有限公司
版　　次：2007年8月第1版　　2012年1月第2版　　2021年8月第15次印刷
开　　本：787mm×1092mm　1/16　**印张：**10.75　**字数：**253千
书　　号：ISBN 978-7-113-13991-9
定　　价：26.00元

普通高等教育计算机基础课程规划教材

丛书序

PREFACE

计算机基础教学在我国高等教育中已有30多年的发展历史，已经成为我国高等教育的重要组成部分，是培养大学生综合素质的重要环节。计算机不仅为解决专业领域问题提供有效的方法和手段，而且提供了一种独特的处理问题的思维方式；计算机及互联网有着极其丰富的信息和知识资源，为学生学习提供了广阔的空间以及良好的学习工具；善于使用互联网和办公软件是良好的交流表达能力和团队合作能力的重要基础；同时，计算机基础教学也为学生创新能力的培养奠定了基础。不难发现，现在几乎所有领域的重大成就无不得益于计算科学的支持,计算科学已经和理论科学、实验科学并列成为推进社会文明进步和科技发展的三大手段。事实上，当今任何一项被称为“高科技”的项目或专业、职业，无一不是与计算机紧密结合的。计算机基础教学应致力于使大学生掌握计算科学的基本理论和方法，为培养复合型创新人才服务。

本届教指委以科学发展观为指导，为促进计算机基础教学不断向科学、规范、成熟的方向发展，于2009年10月发布了《高等学校计算机基础教学战略研究报告暨计算机基础课程教学基本要求》(以下简称《基本要求》),它充实了“4个领域×3个层次”的计算机基础教学的知识结构，提出和构建了计算机基础教学的实验体系，科学地描述各专业大类核心课程的教学基本要求。《基本要求》提出了计算机基础教学应该达到的4项“能力结构”要求，即对计算机的认知能力、利用计算机解决问题的能力、基于网络的协同能力、信息社会中的终身学习能力。以此为源头，构建培养这4种能力的两大支柱，即计算机基础教学的“知识体系”和“实验体系”。这两大体系中蕴含着计算机基础教学所包含的所有内容，即148个知识单元、884个知识点、119个实验单元和529个技能点。根据教学目标，可以从中选取若干知识单元、知识点、实验单元和技能点，构建所需课程。这项研究基本上厘清了我国高校计算机基础教学的体系、内容和要求，向科学、规范和可操作的方向迈出了一大步。

中国铁道出版社热心于计算机教育，在计算机基础教学方面办了许多实事，在高校师生中赢得了良好口碑。在《基本要求》发布之后，我们组织国内一批知名教授和有实力的作者，按照《基本要求》编写了本丛书，以推动《基本要求》的贯彻，提高高校计算机基础教学质量。

本丛书定位于应用型本科，内容充分体现应用性，兼顾基础性；强调学生的动手能力培养，避免过多的理论内容；教材尽量采用案例驱动。丛书按照计算机基础教学六门核心课程组织，有的课程或因平台不同，或因教材编写风格、定位等不同，会有一门课程多本教材的情况，这是为了给老师提供更多的选择，以使其找到更合适自己的优秀教材。

我们希望本丛书的出版，能对推动我国高校的计算机基础教学改革尽到一份力量。书中难免存在不足之处，恳望读者不吝指正。谢谢大家。

冯博琴

2010.10.8

冯博琴，西安交通大学教授，博士生导师，现任教育部2006—2010年高校计算机基础课程教学指导委员会副主任委员，全国计算机基础教育研究会副会长，陕西省计算机教育研究会理事长。

丛书序

第二版前言

FOREWORD

上机实验是学习程序设计语言必不可少的实践环节，特别是C语言灵活、简洁，更需要通过编程的实践来真正掌握它。对于程序设计语言的学习目的，可以概括为学习语法规定、掌握程序设计方法、提高程序开发能力，这些都必须通过充分的实际上机操作才能完成。

学习C程序设计语言除了课堂讲授以外，必须保证有不少于课堂讲授学时的上机时间。因为学时所限，课程不能安排过多的统一上机实验，所以希望学生有效地利用课程上机实验的机会，尽快掌握用C语言开发程序的能力。2007年编写的《C语言程序设计实验指导与习题解答》出版后，被许多高校选用为C语言配套教材，并给予了充分的肯定和好评。根据教学实践和读者反馈的意见对部分章节内容进行了调整、补充和重编形成第二版。第二版以C99（ISO9899:1999）为基础，程序调试和运行环境为Windows平台下的Visual C++ 6.0。

本书共分6章：第1章是有关C语言程序开发环境及上机指南的内容，详细介绍了在Visual C++ 6.0集成开发环境下C语言程序的上机调试过程；第2章是上机实验内容，包括10个实验，每个实验对应教材的一章，基本上覆盖了所有的知识点，以帮助读者通过上机实践领会教材中的内容；另外，这些实验可以根据实际情况分配适当的学时；第3章是实验参考答案，可帮助读者更好地完成实验项目；第4章是与主教材《C语言程序设计（第二版）》一书相配套的习题解答，以辅助读者在课外自学；第5章是从往年的计算机等级考试（二级）中整理出来的综合练习，可作为读者在学习完本课程后实战之用；第6章以职工信息管理系统为课程设计示例，阐述了程序开发的一般流程，以起到抛砖引玉的作用。

本书由南阳理工学院杨彩霞、杨新锋和杨艳燕主编，并完成全书的编写和总纂工作。

在本书的编写过程中，得到了西安交通大学冯博琴教授和中国铁道出版社的热情支持与指导，在此表示衷心感谢。

由于编者水平有限，书中不足和疏漏之处在所难免，敬请读者批评指正。

编　者

2011年11月

第一版前言

FOREWORD

上机实验是学习程序设计语言必不可少的实践环节，特别是C语言，它灵活、简洁，更需要通过编程的实践来真正掌握它。对于程序设计语言的学习目的，可以概括为学习语法规定、掌握程序设计方法、提高程序开发能力，这些都必须通过充分的实际上机操作才能完成。

学习C程序设计语言除了课堂讲授以外，必须保证有不少于课堂讲授学时的上机时间。因为学时所限，课程不能安排过多的统一上机实验，所以希望学生有效地利用课程上机实验的机会，尽快掌握用C语言开发程序的能力，为今后的继续学习打下一个良好的基础。为此，我们组织了实验教学经验丰富的教师，结合课堂讲授的内容和进度编写了这本书。

本书共分7章。第1章和第2章是有关C语言程序开发环境及上机指南的内容，详细介绍了在Turbo C 2.0和Visual C++ 6.0两种集成开发环境下的C语言程序的上机调试过程，以供不同的读者参考。第3章是上机实验内容，包括10个实验，每个实验对应教材的一章，基本上覆盖所有的知识点，以帮助读者通过上机实践领会教材中的内容；另外，这些实验可以根据实际情况分配适当的学时。第4章是对上机实验的解析，以帮助读者更好地完成实验项目的要求。第5章是与《C语言程序设计》一书相配套的习题解答，以辅助读者在课外自学。第6章是从往年的计算机等级考试（二级）中整理出来的综合练习，可以作为读者在学习完本课程之后实战之用。第7章以职工信息管理系统为课程设计示例，阐述了程序开发的一般流程，以起到抛砖引玉的作用。

本书由杨彩霞担任主编，由杨新锋、刘克成担任副主编，由杨彩霞、杨新锋、刘克成、张凌晓、张晓民、邵艳玲、杨艳燕编写。全书总纂工作由杨彩霞、杨新锋、刘克成负责完成。

在本书的编写过程中，得到了西安交通大学冯博琴教授的热情支持与指导，在此表示衷心感谢。同时，又参阅了大量的网上资源和其他参考文献，在此对它们的作者和提供者一并表示感谢。

由于编者水平有限，书中不足和疏漏之处在所难免，敬请读者批评指正。

编　者

2007年6月

目　录

CONTENTS

第1章 Visual C++集成开发环境

Visual C++是由Microsoft公司提供的在Windows环境下进行应用程序开发的C/C++编译器。相比其他的编程工具而言，Visual C++在提供可视化编程方法的同时，也适用于编写直接对系统底层进行操作的程序。目前，常用的版本是Visual C++ 6.0，简称VC 6.0。

1.1 Visual C++ 6.0集成开发环境的启动

选择“开始”→“程序”→Microsoft Visual Studio 6.0→Microsoft Visual C++ 6.0命令，若是第1次运行，将显示Tip of the Day对话框，单击Next Tip按钮，就可以看到有关各种提示；取消选择Show tips at startup复选框，以后启动VC 6.0时，将不再出现此对话框。单击Close按钮关闭此对话框，进入VC 6.0集成开发环境，如图1-1所示。

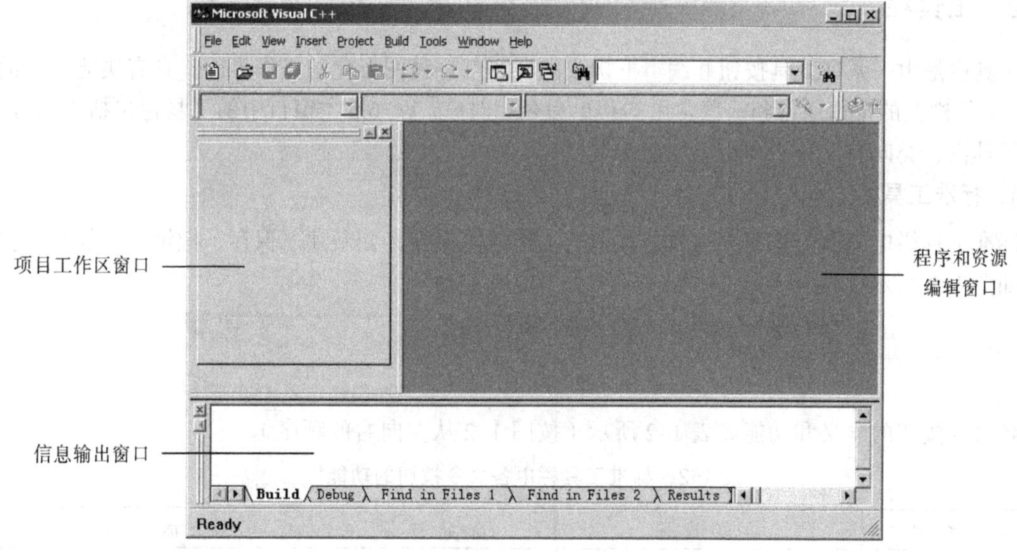

图1-1 VC 6.0集成开发环境界面

1.2 Visual C++ 6.0集成开发环境的使用

VC 6.0集成开发环境可以分为标题栏、菜单栏、工具栏、项目工作区窗口、程序和资源编辑窗口、信息输出窗口、状态栏等。其中，项目工作区窗口包含了用户的一些信息，如类、项目文件、资源等；程序和资源编辑窗口是对源文件代码和项目资源进行设计和处理的区间，各种程序的源文件、资源文件、文档文件等都可以通过该窗口显示出来；信息输出窗口用来显示编译、调试和查询的结果，帮助用户修改程序中的错误；状态栏用来显示当前操作状态、注释、文本光标所在的行列号等信息。

1.2.1 菜单栏

利用 VC 6.0 调试程序或开发软件时，大部分操作都是通过菜单栏中的菜单命令来完成的。因此，了解各个菜单命令的功能是非常必要的。表 1-1 所示为一些主要菜单命令的功能说明。

表 1-1 VC 6.0 主要菜单命令的功能说明

菜 单	功 能 描 述
File（文件）	包含了各种对文件进行操作的选项，如加载、保存、打印和退出等
Edit（编辑）	用来使用户便捷地编辑文件内容，如进行删除、复制等操作
View（查看）	改变窗口和工具栏的显示方式，激活调试时所用的各个窗口等
Insert（插入）	用于项目及资源的创建和添加
Project（工程）	用于项目的操作及进行项目的属性设置
Build（编译）	用于应用程序的编译、连接、调试和运行
Tools（工具）	用于选择或定制开发环境的一些实用工具
Window（窗口）	用于文档窗口的排列、打开、关闭、重组或拆分等操作
Help（帮助）	获得系统帮助信息

1.2.2 工具栏

工具栏是由一系列工具按钮和编辑框构成的，它是一种图形化的操作界面，具有快捷直观的特点。工具栏上的按钮通常和一些常用的菜单命令相对应。VC 6.0 主窗口中的工具栏包括 3 部分：标准工具栏、类向导工具栏和小型编连工具栏。

1. 标准工具栏

标准工具栏中的命令按钮大多数是常用的文档编辑命令，如新建、保存、撤销、恢复及查找等，如图 1-2 所示。

图 1-2 标准工具栏

各命令按钮的含义和功能如表 1-2 所示（按图 1-2 从左向右的顺序）。

表 1-2 标准工具栏中各命令按钮的功能

命 令 按 钮	功 能 描 述	命 令 按 钮	功 能 描 述
New Text File	新建一个文本文件	Redo	恢复被撤销的操作
Open	打开已存在的文件	Workspace	显示或隐藏项目工作区窗口
Save	保存当前文档	Output	显示或隐藏信息输出窗口
Save All	保存所有打开的文档	Window List	文档窗口操作
Cut	剪切	Find in Files	在指定的多个文件中查找字符串
Copy	复制	Find	指定要查找的字符串
Paste	粘贴	Help System Search	查找系统帮助信息
Undo	撤销上一次操作		

2．类向导工具栏

类向导工具栏由 3 个下拉列表框和一个 Actions 控制按钮组成，如图 1–3 所示，3 个下拉列表框从左到右分别表示类信息、选择相应类的资源标识和相应类的成员函数。

图 1–3　类向导工具栏

类向导工具栏的功能如下：

（1）当用户在某个类或某个成员函数中编辑代码时，该工具栏会自动显示鼠标所在位置的类名或成员函数名；而当鼠标停留在两个函数之间时，工具栏将以灰色显示前一个函数的信息。

（2）用户工作在对话框编辑器中，类向导工具栏将显示所选对话框的类名或所选控件的 ID 号。

（3）用户工作在其他编辑器中，工具栏上的灰色字体显示最近的一条信息。

（4）单击 Actions 控制按钮后的“▼”会打开一个快捷菜单，从中可以选择要执行的命令。

3．小型编连工具栏

小型编连工具栏提供了常用的编译、连接操作命令，如图 1–4 所示。各命令按钮的含义和功能如表 1–3 所示（按图 1–4 从左向右的顺序）。

图 1–4　小型编连工具栏

表 1–3　小型编连工具栏中各命令按钮的功能

命　令　按　钮	功　能　描　述
Compile	编译源代码文件
Build	生成应用程序的可执行文件
Build Stop	停止编连
Build Execute	执行应用程序
Go	单步执行
Add/Remove Breakpoints	插入或清除断点

1.2.3　C 程序的运行步骤

在 VC 6.0 中调试 C 程序，一般有两种方法。

1．控制台应用程序

所谓控制台应用程序，是指那些需要与传统的 DOS 操作系统保持某种程序的兼容，同时又不需要为用户提供完善界面的程序。简单地说，就是指在 Windows 环境下运行的 DOS 程序。在 VC 6.0 中，应用程序向导 AppWizard 能帮助用户快速创建一些常用的应用程序类型框架。下面将利用 AppWizard 创建一个 C 语言应用程序。

例如，求从键盘上输入的 3 个整数的平均值。

操作步骤：

（1）选择 File→New 命令，打开 New 对话框，如图 1–5 所示。打开 Projects 选项卡，从列表框中

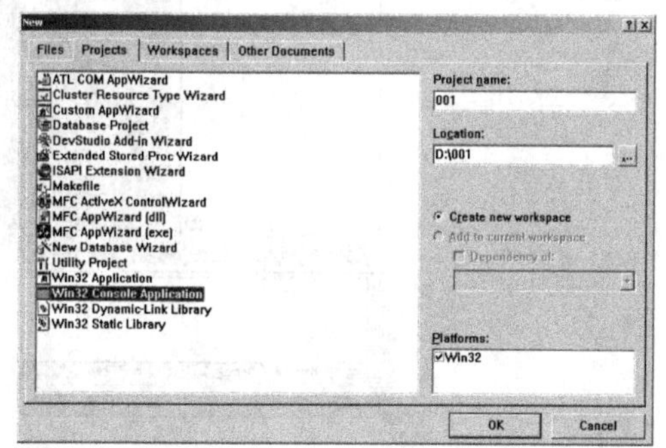

图 1–5　New 对话框

选择 Win32 Console Application 选项，在右边的 Project name 文本框中输入控制台应用程序项目名称，如“001”。单击 Location 文本框右边的...按钮，从打开的 Choose Directory 对话框中选择保存项目的位置。例如，选择 D 盘，单击 OK 按钮，返回上一级对话框，此时在 Location 文本框中显示“D:\001”。

（2）单击 OK 按钮，一个 Win32 应用程序向导被显示出来，如图 1-6 所示，选择 An empty Project 单选按钮。

（3）单击 Finish 按钮，系统将显示 AppWizard 的创建信息，如图 1-7 所示。单击 OK 按钮，系统将自动创建此程序。

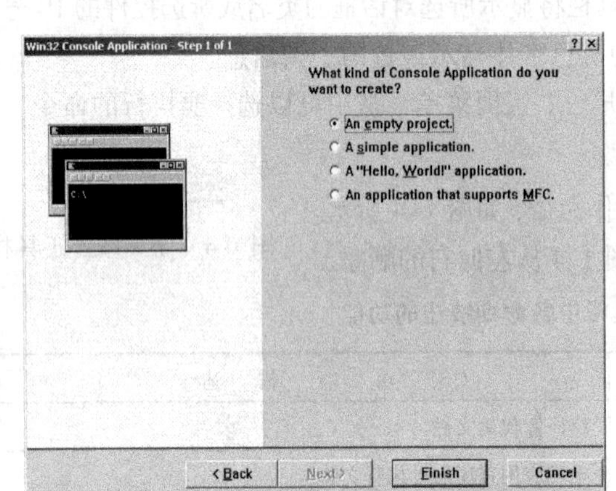

图 1-6 Win32 应用程序向导界面

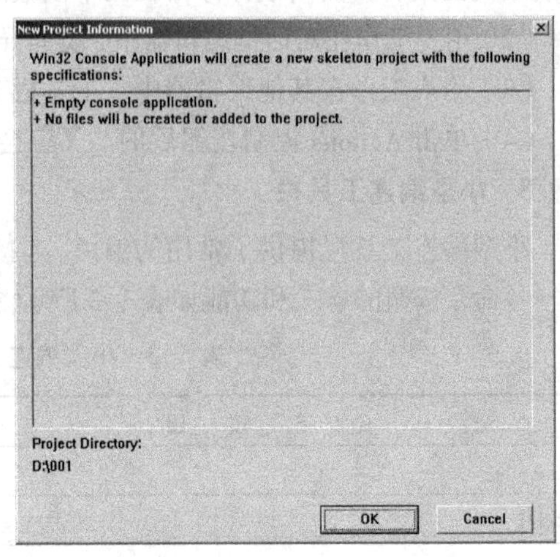

图 1-7 向导创建信息界面

（4）一个名为“001”的空工程被创建好，如图 1-8 所示。选择项目工作区窗口中的 FileView 选项卡，可以看到 AppWizard 生成了 Source Files、Header Files 和 Resource Files 三个文件夹。

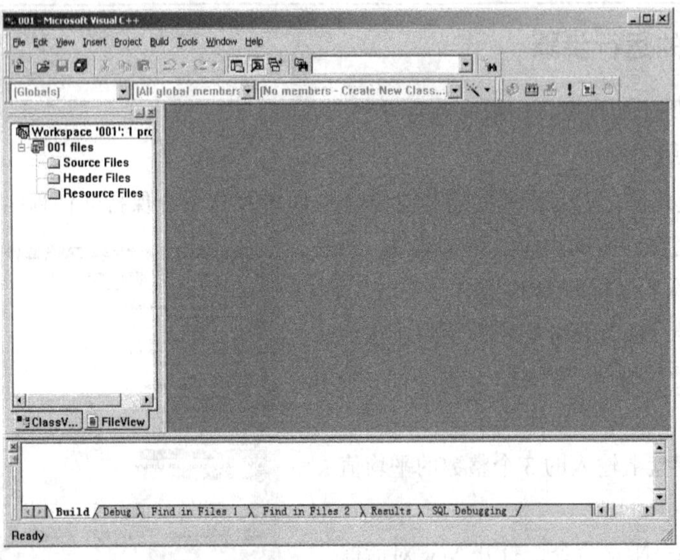

图 1-8 工程 001

（5）右击项目工作区窗口中的 Source File 文件夹，在弹出的快捷菜单中选择 Add Files to Folder 命令，弹出 Insert Files into Project 对话框，输入文件名，如 001.c，如图 1-9 所示。

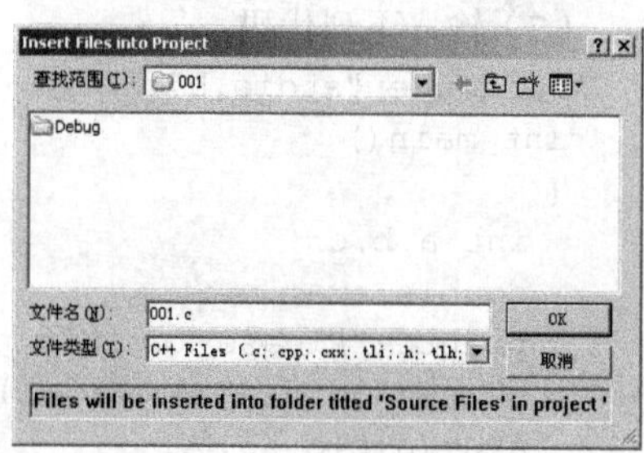

图 1-9　Insert Files into Project 对话框

（6）单击 OK 按钮，将弹出如图 1-10 所示的对话框；单击“是”按钮，可以看到项目工作区窗口中的 Source Files 文件夹前出现“+”，单击“+”，展开 Source Files 文件夹，可以看到该文件夹下增加了一个 001.c 文件，如图 1-11 所示。双击该文件，弹出图 1-12 所示的对话框，单击“是”按钮，在右侧的编辑窗口中出现光标，如图 1-13 所示。

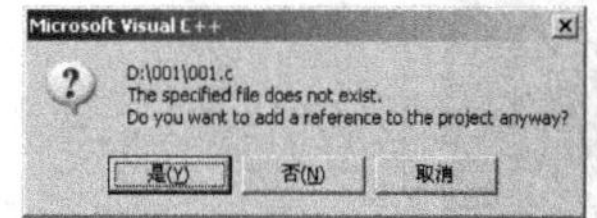

图 1-10　确认添加文件对话框

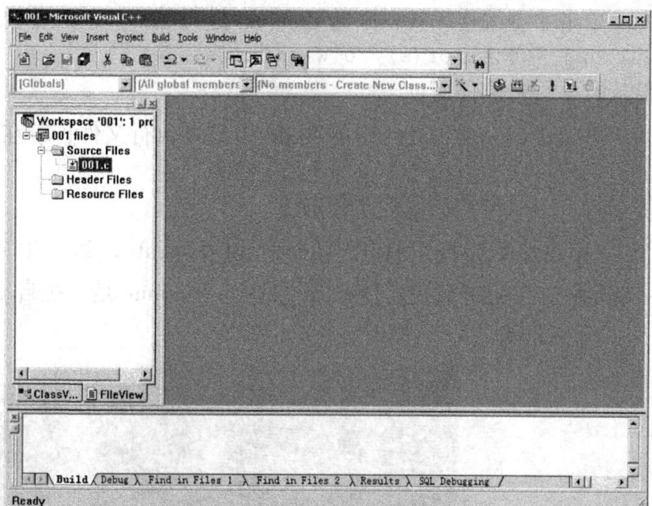

图 1-11　添加文件后的项目工作区窗口

图 1-12　确认生成新文件对话框

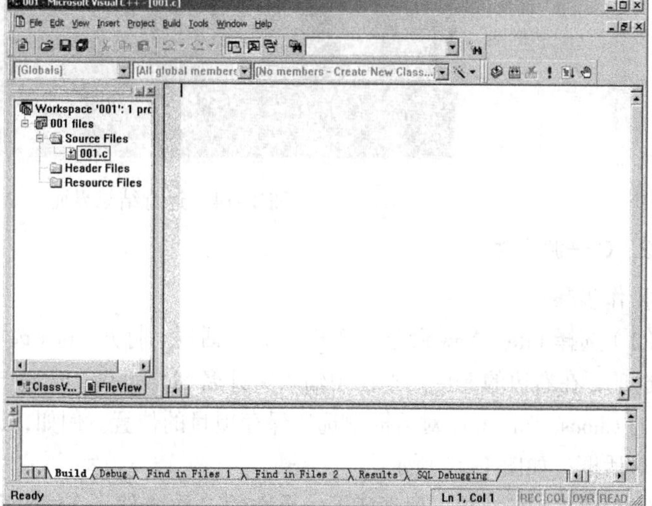

图 1-13　出现光标时编辑窗口

（7）输入下列代码：

```
#include "stdio.h"
int main()
{
  int a,b,c;
  double ave;
  printf("Please input 3 numbers:");
  scanf("%d%d%d",&a,&b,&c);
  ave=(a+b+c)/3.0;
  printf("the average is %.2lf.\n",ave);
  return 0;
}
```

然后对应用程序进行保存。

（8）单击小型编连工具栏中的 Compile 进行编译，若在信息输出窗口中出现：

```
001.obj - 0 error(s), 0 warning(s)
```

提示时，表示编译通过。

（9）单击小型编连工具栏中的 Build 生成可执行文件，若在信息输出窗口中出现：

```
001.exe - 0 error(s),0 warning(s)
```

提示时，表示可执行文件已经形成。

（10）单击小型编连工具栏中的 Build Execute，运行生成的可执行文件，其运行结果如图 1-14 所示。在该窗口中，Press any key to continue 是系统自动添加的，提示用户按任意键将返回 VC 6.0 开发环境。

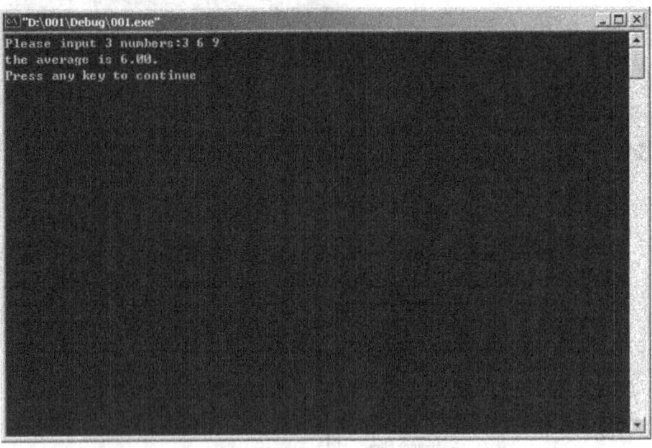

图 1-14 运行结果界面

2. C++源文件

操作步骤：

（1）选择 File→New 命令，打开 New 对话框。打开 Files 选项卡，从列表框中选择 C++ Source File 选项，在右边的 File 文本框中输入文件名称，如 001.c。单击 Location 文本框右边的按钮，从打开的 Choose Directory 对话框中选择保存项目的位置。例如，选择 D 盘，单击 OK 按钮，返回上一级对话框，如图 1-15 所示。

（2）单击 OK 按钮，便创建了一个空的 C 源文件，在编辑窗口中输入编写的程序代码，然后对源文件进行保存，如图 1-16 所示。

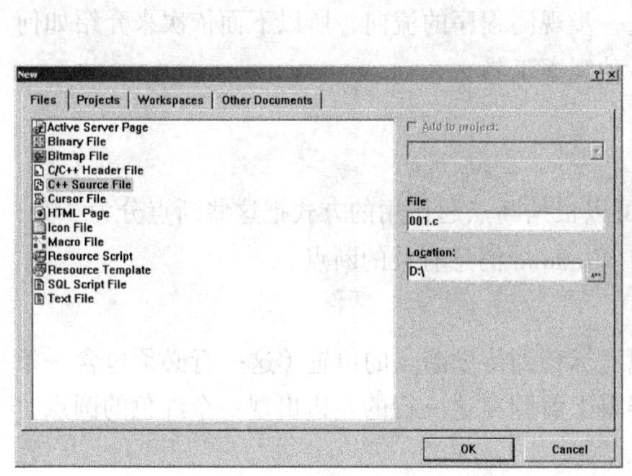

图 1-15　New 对话框

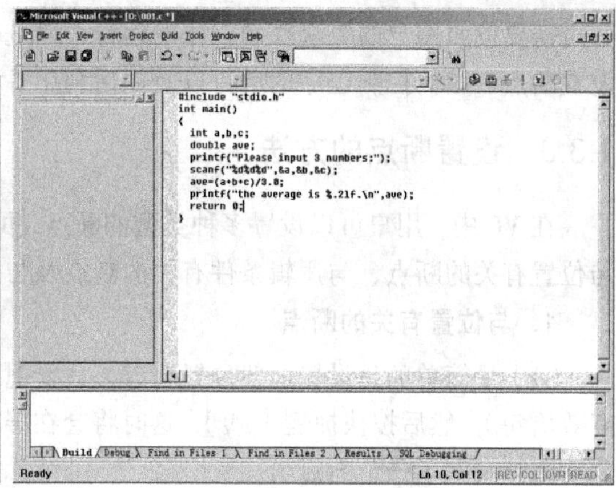

图 1-16　Visual C++界面

（3）对源文件进行编译，将弹出一个对话框，如图 1-17 所示。单击“是”按钮，若编译通过，将生成目标文件。

（4）对目标文件进行连接，将弹出一个对话框，如图 1-18 所示。单击“是”按钮，若没有错误，将产生可执行文件。

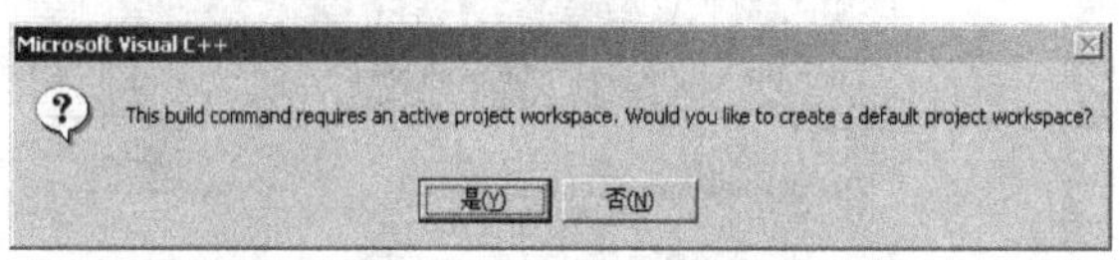

图 1-17　编译对话框

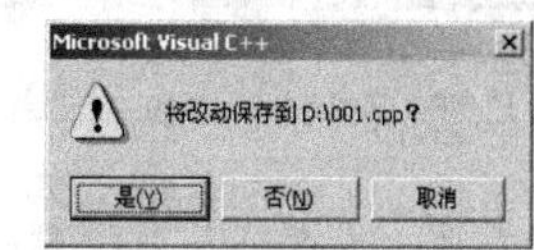

图 1-18　连接后弹出的对话框

（5）运行可执行文件，将出现如图 1-14 所示的运行结果。

1.3　Visual C++ 6.0 调试工具

在开发程序的过程中，经常需要查找程序中的错误，这就需要利用调试工具辅助进行程序的调试。当然，目前有许多调试工具，而集成在 VC 中的调试工具以其强大的功能，令许多使用者爱不释手。下面就介绍 VC 中调试工具的使用方法。

1.3.1　调试环境的建立

每当在 VC 中建立一个工程（Project）时，VC 都会自动建立两个版本：Release 版本和 Debug 版本。Release 版本是当程序完成后、准备发行时用来编译的版本；Debug 版本是用在开发过程中进行调试时所用的版本。Debug 版本中包含着 Microsoft 格式的调试信息，不进行任何代码优化；而在 Release 版本对可执行程序的二进制代码进行了优化，但是其中不包含任何调试信息。因此，在调试程序时必须使用 Debug 版本。

1.3.2　调试的一般过程

调试，其实就是在程序运行过程的某一阶段观测程序的状态，而在一般情况下程序是连续运行的，所以必须使程序在某一地点停下来。因此，所做的第一项工作就是设立断点，其次再运行程序，当程序在设立断点处停下来时，再利用各种工具观察程序的状态。程序在断点停下来后，有时需要按照用户的要求控制程序的运行，以进一步观测程序的流向，所以下面依次来介绍如何设置断点、如何控制程序的运行以及如何利用各种观察工具。

1.3.3 设置断点的方法

在 VC 中，用户可以设置多种类型的断点，可以根据断点起作用的方式把这些断点分为 3 类：与位置有关的断点、与逻辑条件有关的断点及与 Windows 消息有关的断点。

1. 与位置有关的断点

（1）最简单的是设置一般位置断点，只要把光标移到待设断点的位置（这一行必须包含一条有效语句），然后按快捷键【F9】，这时将会在屏幕上看到在这一行的左边出现一个红色的圆点，表示此行设立了一个断点。

（2）有时可能并不需要程序每次运行到这里都停下来，而是在满足一定条件的情况下才停下来，这时就需要设置一种与位置有关的断点。要设置这种断点，只需要选择 Edit→Breakpoints 命令，在打开的 Breakpoints 对话框中选择 Location 选项卡（见图 1-19），单击 Condition 按钮，打开 Breakpoint Condition 对话框，在 Enter the expression to be evaluated 文本框中写出逻辑表达式，例如“x>=3”（见图 1-20），最后单击 OK 按钮返回。

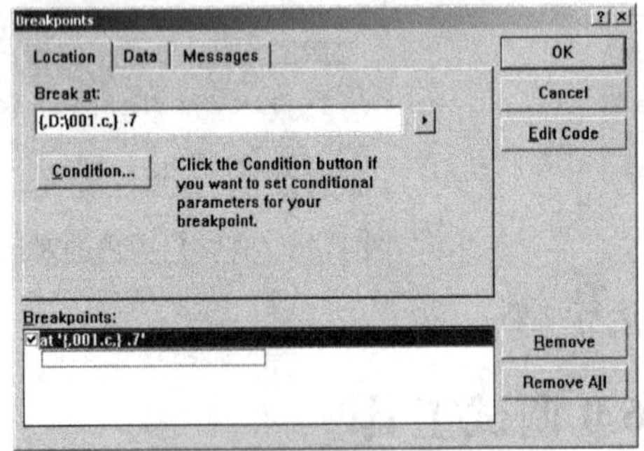

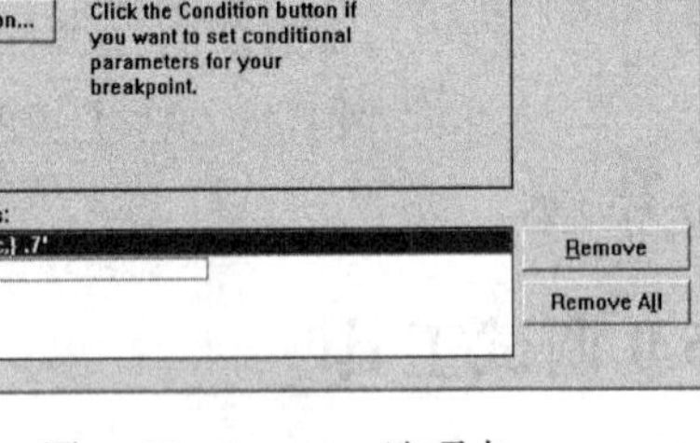

图 1-19 Location 选项卡

图 1-20 Breakpoint Condition 对话框

这种断点主要是由其位置发生作用的，但也结合了逻辑条件，使之更灵活。

（3）有时需要更深入地调试程序，需要进入程序的汇编代码，因此需要在汇编代码上设立断点。要设立这种断点，只需要选择 View→Debug Window→Disassembly 命令，这时汇编窗口将会出现在屏幕上。在该窗口中可以看到对应于源程序的汇编代码，其中源程序是用黑体字显示，下面是对应的汇编代码。要设立断点，只需将光标移到需要设断点的地方，然后单击小型编连工具栏上的 Insert/Remove Breakpoints 按钮，将会看到一个红圆点出现在该汇编代码的左边，如图 1-21 所示。

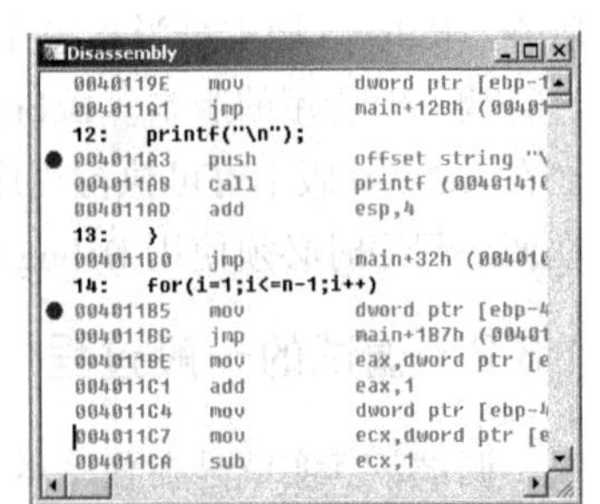

图 1-21 Disassembly 窗口

上面所讲的断点主要是由于其位置发挥作用的，即当程序运行到设立断点的地方时程序将会停下来，但有时需要设立只与逻辑条件有关而与位置无关的断点。

2. 与逻辑条件有关的断点

（1）逻辑条件触发的断点：

选择 Edit→Breakpoints 命令，打开 Breakpoints 对话框，打开 Data 选项卡，在其中的 Enter the expression to be evaluated 文本框

中写出逻辑表达式，例如“x=3”，最后单击 OK 按钮返回。

其他几种断点的设置方法与之类似，下面分别进行说明。

（2）监视表达式发生变化的断点：

① 选择 Edit→Breakpoints 命令，打开 Breakpoints 对话框。

② 打开 Breakpoints 对话框中的 Data 选项卡。

③ 在 Enter the expression to be evaluated 文本框中写出需要监视的表达式。

④ 单击 OK 按钮返回。

（3）监视数组发生变化的断点：

① 选择 Edit→Breakpoints 命令，打开 Breakpoints 对话框。

② 打开 Breakpoints 对话框中的 Data 选项卡。

③ 在 Enter the expression to be evaluated 文本框中输入需要监视的数组名。

④ 在 Enter the number of elements to watch in an array or structure 文本框中输入需要监视的数组元素的个数。

⑤ 单击 OK 按钮返回。

（4）监视由指针指向的数组发生变化的断点：

① 选择 Edit→Breakpoints 命令，打开 Breakpoints 对话框。

② 打开 Breakpoints 对话框中的 Data 选项卡。

③ 在 Enter the expression to be evaluated 文本框中输入*pointname，其中*pointname 为指针变量名。

④ 在 Enter the number of elements to watch in an array or structure 文本框中输入需要监视的数组元素的个数。

⑤ 单击 OK 按钮返回。

（5）监视外部变量发生变化的断点：

① 选择 Edit→Breakpoints 命令，打开 Breakpoints 对话框。

② 打开 Breakpoints 对话框中的 Data 选项卡。

③ 在 Enter the expression to be evaluated 文本框中输入外部变量名。

④ 单击该文本框右边的三角按钮，选择 Advanced 选项，弹出 Advanced Breakpoint 对话框。

⑤ 在 Context 区域的文本框中输入对应的函数名和文件名（如果需要的话）。

⑥ 单击 OK 按钮关闭 Advanced Breakpoint 对话框。

⑦ 单击 OK 按钮关闭 Breakpoints 对话框。

3．与 Window 消息有关的断点

（1）选择 Edit→Breakpoints 命令，打开 Breakpoints 对话框。

（2）打开 Breakpoints 对话框中的 Messages 选项卡。

（3）在 Break at WndProc 文本框中输入 Window 函数的名称。

（4）在 Set one breakpoint for each message to watch 下拉列表框中选择对应的消息。

（5）单击 OK 按钮返回。

注意：此类断点只能工作在 x86 或 Pentium 系统上。

1.3.4 控制程序的运行

选择 Build→Start Debug→Go 命令，程序开始运行在 Debug 状态下，Build 菜单变成 Debug 菜单，此时程序会因为断点而停顿下来，之后，可以看到有一个小箭头，它指向即将执行的代码。

Debug 菜单中有 4 条命令：Step Over、Step Into、Step Out 及 Run to Cursor，可以用这些命令来控制程序的运行。

其中：

Step Over 的功能是运行当前箭头指向的代码（只运行一条代码）。

Step Into 的功能是如果当前箭头所指的代码是一个函数的调用过程，则用 Step Into 命令进入该函数进行单步执行。

Step Out 的功能是如果当前箭头所指向的代码是在某一函数内，用它使程序运行至函数返回处。

Run to Cursor 的功能是使程序运行至光标所指的代码处。

1.3.5 查看工具的使用

调试过程中最重要的是观察程序在运行过程中的状态，这样才能找出程序的错误之处。这里所说的状态包括各变量的值、寄存器中的值、内存中的值、堆栈中的值，因此需要利用各种工具来辅助查看程序的状态。

1. 弹出式调试信息泡泡（Data Tips Pop_up Information）

当程序在断点停下来后，要观察一个变量或表达式的值的最容易的方法是利用调试信息泡泡，只需在源程序窗口中，将鼠标放到该变量上，就会看到一个信息泡泡弹出，其中显示出该变量的值。

要查看一个表达式的值，先选中该表达式，然后将鼠标放到选中的表达式上，同样会看到一个信息泡泡弹出以显示该表达式的值。

2. 变量窗口（Variables Window）

选择 View→Debug Window→Variables Window 命令，变量窗口将出现在屏幕上，其中显示着变量名及其对应的值。在变量窗口的下部有 3 个标签：Auto、Local、This。选中不同的标签，不同类型的变量将会显示在该窗口中。

3. 观察窗口（Watch Window）

选择 View→Debug Window→Watch Window 命令，观察窗口将出现在屏幕上，双击 Name 栏的某一空行，输入要查看的变量名或表达式，回车后将会看到对应的值。观察窗口可有多个选项卡，分别对应于标签 Watch1、Watch2、Watch3 等。假如输入的表达式是一个结构或是一个对象，可以用鼠标单击表达式右边的“+”号，以进一步观察其中成员变量的值。

4. 快速查看变量对话框（QuickWatch）

在快速查看变量对话框中可以像利用观察窗口一样来查看变量或表达式的值，还可以利用它来更改运行过程中的变量，具体操作步骤如下：

（1）选择 Debug→QuickWatch 命令，打开 QuickWatch 对话框。

（2）在 Expression 编辑框中输入变量名，按【Enter】键。

（3）在 Current value 列表框中将出现变量名及其当前对应的值，如图 1-22 所示。

（4）如果要改变该变量的值，只需双击该变量对应的 Name 栏，输入要改变的值即可。

（5）如果要把该变量加入到观察窗口中，可单击 Add Watch 按钮。

（6）单击 Close 按钮返回。

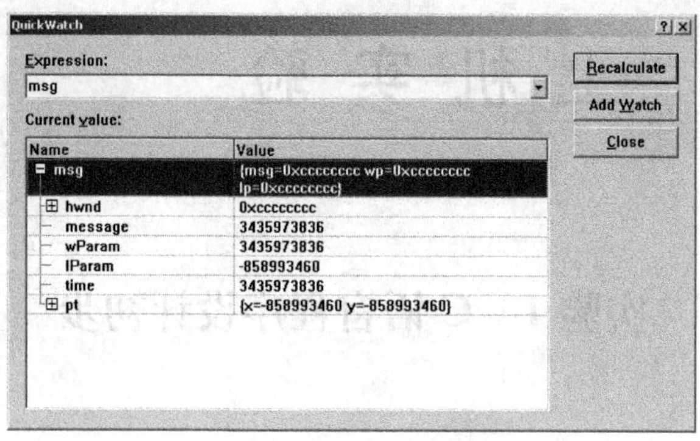

图 1-22　Current value 列表

5. 直接查看内存中的值

（1）选择 View→Debug Window→Memory 命令，打开 Memory 对话框，如图 1-23 所示。

（2）在 Address 文本框中输入要查看的内存地址，按【Enter】键。对应内存地址中的值将显示在 Memory 对话框中，如图 1-24 所示。

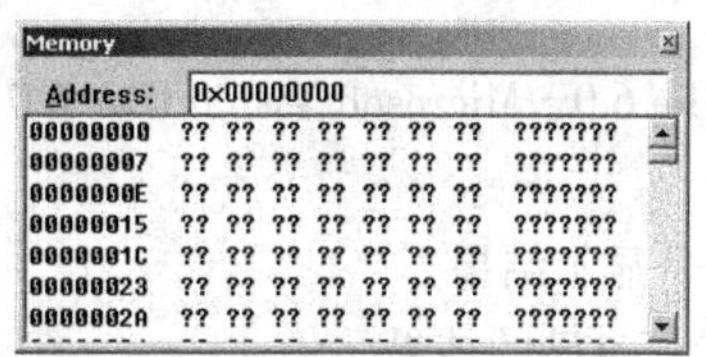

图 1-23　Memory 对话框 1

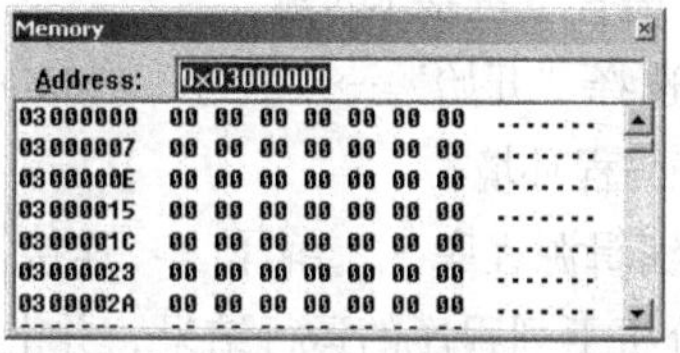

图 1-24　Memory 对话框 2

6. 查看或修改寄存器中的值

（1）选择 View→Debug Window→Registers 命令，打开 Registers 对话框，如图 1-25 所示。在该对话框中，信息以 Register=Value 的形式显示，其中 Register 代表寄存器的名称，Value 代表寄存器中的值。

（2）如果要修改某一个寄存器的值，用【Tab】键或用鼠标将光标移到想要改变的值的右边，然后输入想要的值，按【Enter】键返回。

在寄存器中，有一类特殊的寄存器称为标志寄存器，其中有 8 个标志位。

- OV 是溢出标志。
- UP 是方向标志。
- EI 是中断使能标志。
- Sign 是符号标志。
- Zero 是零标志。
- Parity 是奇偶检验标志。
- Carry 是进位标志。

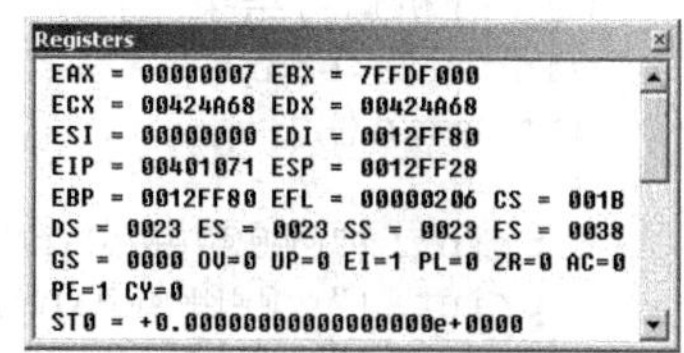

图 1-25　Registers 对话框

第2章 上机实验

实验1 C语言程序设计初步

一、实验目的和要求

（1）基本熟悉 VC 6.0 C 语言编程环境。

（2）掌握 C 语言上机步骤，了解运行一个 C 程序的方法。

（3）理解 C 语言程序的结构。

（4）掌握 C 语言程序的书写格式。

二、实验内容和步骤

1．C 语言上机基本步骤。

（1）选择“开始”→“程序”→Microsoft Visual Studio 6.0→Microsoft Visual C++ 6.0 命令，打开 VC 6.0 编程环境。

（2）编辑源程序 → 编译 → 连接 → 执行程序 → 显示结果。

2．分析下列程序的运行结果，并上机调试运行，验证自己的结果。

（1）分析运行结果一：

```
#include<stdio.h>
int main()
{
  printf("  @\n");
  printf(" @ @\n");
  printf("  @ @ @\n");
  printf("  @ @ @ @\n");
  printf("  @ @ @ @ @\n");
  return 0;
}
```

（2）分析运行结果二：

```
#include<stdio.h>
int main()
{
  printf("@@@@@@@@@\n");
  printf("  @@@@@@@\n");
  printf("    @@@@@\n");
  printf("      @@@\n");
  printf("        @\n");
  return 0;
}
```

（3）分析运行结果三：

以下是从键盘上输入两个数之和的计算程序，请分析错误，并上机调试。

```
#include<stdio.h>
int Main()
int p,x,y;
scanf("%d%d",&x,%y)
printf("The sum of x and y is:%d",p)
p=x+y
return 0;
```

3．请在 VC 6.0 下编写一个程序，运行后在屏幕上显示信息：Good Morning, Everyone!

4．运行多个文件：Ctest.c 实现数据输入与计算结果打印，Ctest1.c、Ctest2.c、Ctest3.c、Ctest4.c 4 个文件内容分别实现功能模块为 a+b、a-b、a*b、a/b。

实验 2　数据类型与简单输入/输出

一、实验目的和要求

（1）了解 C 语言数据类型的意义。

（2）掌握 C 语言基本数据类型。

（3）初步掌握常量与变量的使用。

（4）掌握简单输入/输出函数的格式和应用。

（5）掌握转义字符的使用方法。

二、实验内容和步骤

1．输入并运行以下程序。

```
#include <stdio.h>
int main()
{
  char c1,c2;
  c1='A';c2='a';
  printf("c1=%c\tc2=%c\n",c1,c2);
  return 0;
}
```

要求：

（1）在“printf("c1=%c\tc2=%c\n",c1,c2);”语句后，增加一个“printf("c1=%d\tc2=%d\n", c1,c2);”语句，运行并分析运行结果。

（2）把“char c1,c2;”语句改为“int c1,c2;”，运行并分析运行结果。

（3）把“c1='A';c2='a';”改为“c1="A";c2="a";”，可以吗？运行一下并分析原因。

（4）把“c1='A';c2='a';”改为“c1=255;c2=300;”，运行并分析原因。

2．输入并运行以下程序，分析运行结果。

```
#include <stdio.h>
int main()
{
  int a=100;
  long int b=100;
  unsigned int c=100;
  unsigned long d=-100;
  float x=200.0;
```

```
  double y=200.0;
  printf("a=%3d,b=%3ld,x=%6.3f,y=%lf\n",a,b,x,y);
  printf("a=%3ld,b=%3d,x=%6.3lf,y=%f\n",a,b,x,y);
  printf("x=%6.3f,x=%6.3e,x=%g\n",x,x,x);
  printf("%u,%u\n",c,d);
  return 0;
}
```

根据以上输出结果，分析各种数据类型在内存的存储方式。

3. 输入并运行以下程序，分析运行结果。

```
#include <stdio.h>
int main()
{
  printf("\102 \x43 D\n");
  printf("E\b=\n");
  printf("I say:\"How do you do?\"\n");
  printf("\\C Program\\\n");
  printf("Turbo \'C\'");
  return 0;
}
```

4. 输入并运行以下程序。

```
#include <stdio.h>
int main()
{
  int a,b;
  float c,d;
  unsigned int x,y;
  char c1,c2;
  scanf("a=%d,b=%d",a,b);
  getchar();
  scanf("c=%f,d=%f",c,d);
  getchar();
  scanf("x=%u,y=%u",x,y);
  getchar();
  scanf("c1=%c,c2=%c",c1,c2);
  printf("\n");
  printf("a=%6d,b=%6d\n",a,b);
  printf("c=%8.2f,d=%8.2f\n",c,d);
  printf("x=%u,y=%u\n",x,y);
  printf("c1=%c,c2=%c\n ",c1,c2);
  return 0;
}
```

（1）在 VC 6.0 下调试上述程序无语法错误后，运行程序。

（2）运行之后 a、b、c、d、x、y、c1、c2 的值是什么？为什么？

（3）在输入 a、b、c、d、x、y 的语句之后各增加一个“getchar();”语句，再运行，看一下 a、b、c、d、x、y、c1、c2 的值是什么。

（4）将输入 x、y 的语句改为：

```
scanf("%d,%d",&x,&y);
```

并输入 x 的值为 65536，y 的值为 32768，运行并分析结果。

（5）输入 x 的值为 65536，y 的值为 32768，把输出 x、y 的语句改为：

```
printf("x=%d,y=%d\n",x,y);
```

运行并分析结果。

（6）请读者自己修改程序和改变数据输入的形式，分析各种情况下的输入与输出。

5. 已知 a=4，b=2.2，c=51274，c1='A'，请编写程序得到如下输出结果。

```
a=3_ _ ,b=1.20_ _,c=_ _ -14262
c1='A'_or_65
```

实验 3　运算符与表达式

一、实验目的和要求

（1）掌握基本运算符的基本功能及其应用。

（2）掌握基本运算符的优先级和结合性。

（3）掌握表达式的概念及运算规则。

（4）掌握常用数据类型的转换规则。

二、实验内容和步骤

1. 输入以下程序。

```
#include <stdio.h>
int main()
{
  int i,j,a,b;
  i=1;
  j=2;
  a=++i;
  b=j++;
  printf("%d,%d,%d,%d",i,j,a,b);
  return 0;
}
```

（1）运行程序，i、j、a、b 各变量的值是多少？

（2）将“a=++i;b=j++;”语句改为：“a=i++;b=++j;”，再运行程序，i、j、a、b 各变量的值是多少？

（3）将程序改为：

```
#include <stdio.h>
int main()
{
  int i,j;
  i=1;
  j=2;
  printf("%d,%d",i++,j++);
  return 0;
}
```

运行程序，i、j 的值是多少？

（4）在（3）的基础上，将 printf 语句改为：“printf("%d,%d",++i,++j);”，运行程序，i、j 的值是多少？

（5）再将 printf 语句改为：“printf("%d,%d,%d,%d",i,j,i++,j++);”，运行程序，分析结果。

（6）将程序改为：

```
#include <stdio.h>
int main()
{
```

```
  int i,j,a=0,b=0;
  i=1;
  j=2;
  a+=i++;
  b-=--j;
  printf("i=%d,j=%d,a=%d,b=%d",i,j,a,b);
  return 0;
}
```

运行程序，分析结果。

2．运行程序，分析运行结果。

```
#include <stdio.h>
int main()
{
  int a=4,k;
  printf("%d,%d\n",(a--)+(a--)+(a--),a);
  a=4;
  printf("%d,%d\n",(--a)+(--a)+(--a),a);
  a=4;
  k=(a--)+(a--)+(a--)+(--a);
  printf("%d,%d\n",k,a);
  a=4;
  k=(--a)+(--a)+(--a)+(++a);
  printf("%d,%d\n",k,a);
  return 0;
}
```

3．已知变量 x、y 是 float 型，编写程序，输入变量 x 的值，输出下列表达式中变量 y 的值。

（1）y=4.8*x-1/2。

（2）y=(int)x%2/5-x。

（3）y=x>100&&x<200。

（4）y=x>=100||x<=10。

（5）y=(x-=x*100,x/=100)。

4．输入下列程序，并分析运行结果。

```
#include <stdio.h>
int main()
{
  int a=8,b=1;
  a+=b+1;
  printf("a=%d\n",a);
  a/=b+1;
  printf("a=%d\n",a);
  a<<=b+1;
  printf("a=%d\n",a);
  a&=b+1;
  printf("a=%d\n",a);
  a^=b+1;
  printf("a=%d\n",a);
  return 0;
}
```

5．已知 int 型变量 x、y、z、输入 x 的值为 3，y 的值为 2，z 的值为 1，编程求下列表达式的值。

（1）x<y?y:x。

（2）x<y?x++:y++。

（3）z+=(x<y?x++:y++)。

6．编写一个程序，用 sizeof 运算符测试各基本数据类型所占的字节数。

7．分析下列程序的运行结果，并总结隐式类型转换的规则。

```
#include <stdio.h>
int main()
{
  char ch;
  int i;
  float f;
  double d;
  ch='A';
  i=1;
  f=2.0;
  d=2.5;
  printf("%f",ch/i+f*d-(f+i));
  return 0;
}
```

讨论：表达式“ch/i+f*d-(f+i)”的结果类型是什么类型？

8．分析下列程序的运行结果，并总结显式类型转换应注意的事项。

```
#include <stdio.h>
int main()
{
  float x;
  int i;
  x=3.6;
  i=(int)x;
  printf("x=%f,i=%d",x,i);
  return 0;
}
```

实验 4　程序流程控制

一、实验目的和要求

（1）进一步熟悉 C 语言的基本语句。

（2）熟悉顺序结构程序中语句的执行过程。

（3）能设计简单的顺序结构程序。

（4）熟练掌握 if 语句和 switch 语句。

（5）熟练掌握利用 while 语句、do...while 语句和 for 语句实现循环的方法。

（6）结合程序掌握一些简单算法。

（7）学习调试程序。

二、实验内容和步骤

1．编写一个程序，计算以 *r* 为半径的圆的周长、面积，球的表面积、体积。其中，*r* 的值从键盘上输入，输出结果时取小数点后两位数字并要有文字说明。

2．以下程序的功能是交换变量 a 和 b 的值。

```
#include <stdio.h>
int main()
{
  int a=4,b=8,temp;
  printf("a=%d,b=%d\n",a,b);
  ____________;
  ____________;
  ____________;
  printf("a=%d,b=%d\n",a,b);
  return 0;
}
```

（1）按题意把程序补充完整（提示：利用中间变量 temp）。

（2）写出程序的运行结果。

（3）利用 VC 6.0 环境中单步跟踪调试功能，单步调试上述程序，并在单步调试过程中查看各变量的值。

（4）如果不增加任何中间变量，能否设计出符合题意的程序？如果能，请写出所设计的程序。

3．先分析下面程序的功能，然后输入一个 3 位整数进行调试，看一看分析的结果是否正确。

```
#include <stdio.h>
int main()
{
  int  n,x1,x2,x3,y;
  printf("Enter n:");
  scanf("%3d",&n);
  x1=n/100;
  x2=n/10%10;
  x3=n%10;
  y=x3*100+x2*10+x1;
  printf("y=%d",y);
  return 0;
}
```

4．事先编好解决下面问题的程序，然后上机输入程序并按要求调试。

（1）有一个分段函数：

$$y=\begin{cases} x & x<1 \\ 2x-5 & 1\leqslant x<10 \\ 3x-11 & x\geqslant 10 \end{cases}$$

① 用 scanf()输入 x 的值，求 y 值。

② 运行程序，输入 x 值（分别为 x<1、1≤x<10、x≥10 三种情况），检查输出的 y 值是否正确。

（2）给出一个百分制成绩，要求输出成绩等级 A、B、C、D、E。90 分以上为 A，80～89 分为 B，70～79 分为 C，60～69 分为 D，60 分以下为 E。

① 事先编好程序，要求分别用 if 语句实现。运行程序，并检查结果是否正确。

② 再运行一次程序，输入分数为负值（如-70），这显然是输入时出错了，不应给出等级。修改程序，使之能正确处理任何数据。当输入数据大于 100 或小于 0 时，通知用户“输入数据错”，结束程序。

（3）给出一个不多于 5 位的正整数，要求：

① 求出它是几位数。

② 分别打印出每一位数字。

③ 按逆序打印出各位数字，例如，原数为 321，应输出 123。

应准备以下测试数据：

① 要处理的数为 1 位正整数。

② 要处理的数为 2 位正整数。

③ 要处理的数为 3 位正整数。

④ 要处理的数为 4 位正整数。

⑤ 要处理的数为 5 位正整数。

除此之外，程序还应当对不合法的输入做必要的处理。例如：

① 输入负数。

② 输入的数超过 5 位（如 123456）。

5. 阅读下面的程序，预测其输出结果，然后上机调试验证。

（1）程序运行结果为________。

```
#include <stdio.h>
int main()
{
  int i,n;
  for(n=2;n<=50;n++)
  {
    for(i=2;i<=(int)sqrt(n);i++)
      if(n%i==0)
        break;
    if(i==(int)sqrt(n)+1)
      printf("%4d",n);
  }
  return 0;
}
```

（2）程序运行结果为________。

```
#include <stdio.h>
int main()
{
  int i;
  char ch;
  for(i=1;i<=5;i++)
  {
    ch=getchar();
    putchar(ch);
  }
  return 0;
}
```

程序执行时从第 1 列开始输入以下数据，“↙”代表回车。

```
Chian↙
```

（3）程序运行结果为________。

```
#include <stdio.h>
int main()
{
  int i,j,x=0;
  for(i=0;i<=2;i++)
```

```
    {
      x++;
      for(j=0;j<3;j++)
      {
        if(j%2)
          continue;
        x++;
      }
      x++;
    }
    x++;
    printf("x=%d\n",x);
    return 0;
}
```

6．输入两个正整数 x 和 y，求它们的最小公倍数。

方法一：借助最大公约数。

方法二：利用穷举法。

7．猴子吃桃问题。猴子第 1 天摘下若干个桃子，当即吃了一半，还不过瘾，又多吃了一个。第 2 天早上又将剩下的桃子吃掉一半，并多吃一个。以后每天早上都吃了前一天剩下的一半零一个。到第 10 天早上想再吃时，见只剩一个桃子了。求第 1 天共摘了多少个桃子。

在得到正确结果后，将题意改为猴子每天吃了前一天剩下的一半后，再吃两个。请修改程序并运行，检查结果是否正确。

8．求 $s=a+aa+aaa+\cdots+aa\cdots aa$ 的值（此处 $aa\cdots aa$ 表示 n 个 a，a 和 n 的值在 1~9 之间）。例如：当 $a=3$，$n=6$ 时，则以上表达式为 $s=3+33+333+3333+33333+333333$，其值为 370368。（提示：后一项数据是前一项数据的 10 倍再加上 a 的值）

9．打印如下所示的数字金字塔。

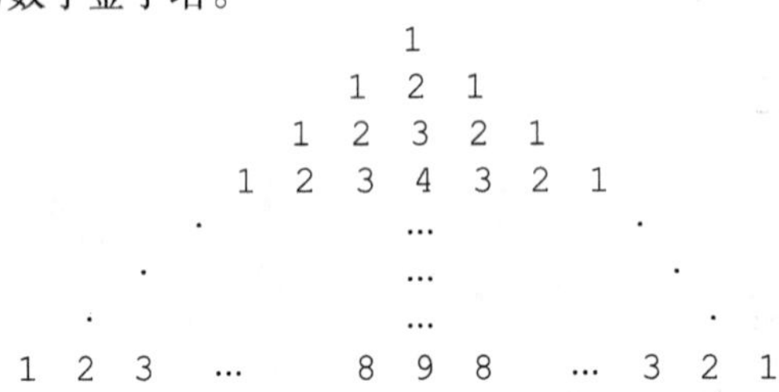

```
            1
          1 2 1
        1 2 3 2 1
      1 2 3 4 3 2 1
     .      ...      .
    .       ...       .
   .        ...        .
1 2 3 ...  8 9 8  ... 3 2 1
```

实验 5　模块化编程

一、实验目的和要求

（1）掌握 C 语言函数定义及调用的规则。

（2）理解参数传递的过程。

（3）理解函数的递归调用。

（4）掌握库函数的调用方法。

（5）理解变量的作用域和生存期。

（6）了解编译预处理命令的使用。

二、实验内容和步骤

1. 阅读并分析下面的程序，并按要求改写程序。

```
#include <stdio.h>
int main()
{
  int max,a,b;
  printf("Please enter 2 numbers:(a,b)");
  scanf("%d,%d",&a,&b);
  if(a>b)
    max=a;
  else
    max=b;
  printf("max=%d\n",max);
  return 0;
}
```

（1）该程序的主要功能是什么？

（2）自定义函数 fun1()实现该程序的功能，要求在主函数内实现数据的输入和输出，部分代码已经给出，请补充完整。

```
#include <stdio.h>
int main()
{
  int max,a,b;
  ____________________/*函数的声明语句*/
  printf("Please enter 2 numbers:(a,b)");
  scanf("%d,%d",&a,&b);
  ____________________/*函数的调用语句*/
  printf("max=%d\n",max);
 return 0;
}
int fun1(___________)/*函数头*/
{
  int max;
  if(x>y)
    max=x;
  else
    max=y;
  ____________________/*函数的返回语句*/
}
```

（3）调试运行该程序，并记录输出结果。

2. 上机调试下面的程序。

```
#include <stdio.h>
int main()
{
  float x,y;
  scanf("%d,%d",&x,&y);
  f(x,y);
  return 0;
}
void fun2(float a,float b)
{
  float c;
  if(b>0)
```

```
    c=a+b;
  else
    c=a-b;
  printf("%f",c);
}
```

（1）记录系统给出的出错信息，并指出出错原因。

（2）如果将该函数定义为 float fun2(float a,float b)，该程序应该如何改变？

（3）调试运行该程序，并记录输出结果。

3．上机调试下面程序，改正其不合理之处。

```
int main()
{
  int x,n,s;
  s=power(x,n);
  return 0;
}
power(y)
{
  int i,p=1;
  for(i=1;i<=n;i++)
    p=p*y;
}
```

4．编写一个函数，计算 x^y，用主函数进行调用。

（1）在主函数里，实现数据的输入和输出。

（2）函数头部的定义，注意函数的形参个数和类型、函数的返回类型。

（3）函数体的定义，注意返回语句的用法。

5．编写程序，用递归的方法求 1+2+3+⋯+n，可设递归函数为 fun5()。

（1）递归结束条件为 n=0。

（2）递推公式为 n+fun5(n−1)。

6．编写并调试一个求 $n!$（n 为非负整数）的递归函数，希望能在程序运行过程中动态地显示递归函数被调用的轨迹。

（1）注意递归结束条件和递推公式。

（2）动态地显示递归函数被调用的轨迹，即每次要打印出变量的变化情况。

7．分析下面的程序，并记录输出结果。

```
#include <stdio.h>
int main()
{
  int x=2,y=3;
  void fun7();
  printf("x=%d,y=%d\n",x,y);
  fun7();
  printf("x=%d,y=%d\n",x,y);
  fun7();
  return 0;
}
void fun7()
{
  static int x=1;
  int y=10;
  x=x+2;
```

```
  y=y+x;
  printf("x0=%d,y0=%d\n",x,y);
}
```

（1）分析自动变量的作用域和生存期。

（2）分析静态变量的作用域和生存期。

8. 分析下面的程序，并记录其运行结果。

```
#include <stdio.h>
int main()
{
  void fun8x(),fun8y();
  extern int x,y;
  printf("1:x=%d\ty=%d\n",x,y);
  y=100;
  fun8x();
  fun8y();
  return 0;
}
void fun8x()
{
  extern int x,y;
  x=110;
  printf("2:x=%d\ty=%d\n",x,y);
}
int x,y;
void fun8y()
{
  printf("3:x=%d\ty=%d\n",x,y);
}
```

（1）分析外部变量的作用域和生存期。

（2）注意 extern 关键字的用法。

9. 写出下面程序的输出结果。

```
#include <stdio.h>
#define PI 3.1415
#define FU(K) K+PI
#define PRINT(s) printf("%d\t",(int)(s))
int main()
{
  int x=3;
  PRINT(x*FU(1));
  return 0;
}
```

（1）分析#include 命令的用法。

（2）分析#define 命令的用法。

10. 调用库函数，随机生成 100 ~ 200 之间的整数。

11. 编写一个函数 fun11()，输入 3 个顶点坐标，求ΔABC 的面积。

实验 6　数　　组

一、实验目的和要求

（1）掌握一维数组的定义。

（2）掌握二维数组的定义。

（3）掌握C语言数组的引用方法。

（4）掌握数组的输入和输出方法。

（5）掌握字符数组和字符串函数的使用。

（6）掌握数组的一些常用算法：查找、排序、删除、插入等。

二、实验内容和步骤

1．编写程序，测试下列数组的定义方式是否正确，如果不正确，请说明原因。

（1）数组定义测试之一：

```
#include<stdio.h>
int main()
{
   int num;
   scanf("%d",&num);
   int score[num];
   …
   return 0;
}
```

（2）数组定义测试之二：

```
#define N 10
#include<stdio.h>
int main()
{
   int score[N];
   …
   return 0;
}
```

（3）数组定义测试之三：

```
#include<stdio.h>
int main()
{
   int score[];
   …
   return 0;
}
```

（4）数组定义测试之四：

```
#include<stdio.h>
int main()
{
   int score[2*3-2];
   …
   return 0;
}
```

（5）数组定义测试之五：

```
#define I 3
#define J 4
#include<stdio.h>
int main()
{
   int a[I][J];
   …
```

```
  return 0;
}
```

（6）数组定义测试之六：

```
#define N 3
#include<stdio.h>
int main()
{
  int a[][N];
  …
  return 0;
}
```

2. 运行下面的 C 程序，并分析运行结果。

（1）分析运行结果一：

```
#include<stdio.h>
int main()
{
  char letter[5]={'a','b','c','d','e'};
  int i;
  for(i=0;i<=5;i++)
    printf("%c",letter[i]);
  return 0;
}
```

（2）分析运行结果二：

```
#include<stdio.h>
int main()
{
  int n[][4]={{1,2},{3,4,5},{6,7,8,9}};
  int i,j;
  for(i=0;i<3;i++)
    for(j=0;j<4;j++)
      printf("%d",n[i][j]);
  return 0;
}
```

（3）分析运行结果三：

```
#include<stdio.h>
int main()
{
  static int n[10]={1,0,0,0,0,0,0,0,0,0};
  int i,j;
  for(i=0;i<10;i++)
    for(j=i;j<10;j++)
      n[i]=n[i]+n[j];
  for(i=0;i<10;i++)
    printf("%d",n[i]);
  return 0;
}
```

（4）分析运行结果四：

```
#include<stdio.h>
int main()
{
  int matrix[5][5];
  int i,j;
  for(i=0;i<5;i++)
```

```
    {
      matrix[i][i]=1;
      for(j=0;j<5;j++)
        if(i!=j)
          matrix[i][j]= matrix[4-j][4-i]+ matrix[j][j];
    }
    for(i=0;i<5;i++)
    {
        for(j=0;j<5;j++)
          printf("%5d",matrix[i][j]);
        printf("\n");
    }
    return 0;
}
```

（5）分析运行结果五：

```
#include<stdio.h>
int m[3][3]={{1},{2},{3}};
int n[3][3]={1,2,3};
int main()
{
  printf ("%d\n", m[1][0]+n[0][0]);  /*1.结果*/
  printf ("%d\n", m[0][1]+n[1][0]);  /*2.结果*/
  return 0;
}
```

（6）分析运行结果六：

```
#include<stdio.h>
int main()
{
  char str[3][10]={"This","is","test!"};
  printf("str[2]=%s,str[2][1]=%c,str=%s\n",str[2],str[1][1],str);
  return 0;
}
```

3. 假设某班有10名学生，学生成绩由键盘输入，要求统计C语言成绩不及格的学生，请完成编程，并输出统计结果。

4. 编写一个函数，完成将一个字符串中的字符逆序输出，即最后一个先输出，第1个最后输出，并编写主函数进行测试。

（1）编写逆序函数，返回逆序的字符串。

（2）编写主函数，进行字符串的输入，调用逆序函数，完成字符串的输出。

5. 某班有30人，现要评定奖学金，条件是成绩为前10名，请编写程序统计成绩位于前10名的学生。

（1）编写排序函数，完成30人成绩的降序排列。

（2）编写输入函数，完成数据的输入。

（3）编写输出函数，输出排序后的前10名学生。

（4）编写主函数，调用输入函数，调用排序函数，调用输出函数。

6. 编写程序输出一个3×4矩阵中数据为负的元素所在的位置，矩阵数据由键盘输入。

7. 已知一维数组中存放10个互不相同的整数，从键盘输入一个数，并从数组中删除与该值相同的元素中的值。

提示：做删除操作时，首先要找到删除元素的位置，找到后，立即用 break 语句退出循环并进行删除操作，删除操作实质是把一些数组元素向前移动一位。最后一位的删除不必移位，直接输出前 size-1 位。

8. 已知鸡和兔的总数量为 n，总腿数为 m。输入 n 和 m，依次输出鸡和兔的数目，如果无解，则输出 No answer。

实验 7　指　　针

一、实验目的和要求

（1）掌握指针和指针变量。

（2）掌握指针与变量的关系。

（3）掌握指针与数组的关系。

（4）掌握指针运算。

（5）掌握指向数组的指针变量的使用。

二、实验内容和步骤

1. 下面的程序通过指针变量改变所指向变量的值。

```
#include<stdio.h>
int main()
{
  int a,b,*pa,*pb,*p;
  ______________/*pa 指向 a*/
  ______________/*pb 指向 b*/
  scanf("%d,%d",pa,pb);
  if(*pa>*pb)
    {__________________}/*pa 和 pb 交换指向*/
  printf("%d<=%d\n",*pa,*pb);
  return 0;
}
```

（1）该程序的主要功能是什么？

（2）分析程序并把程序补充完整。

（3）写出程序的运行结果。

（4）如果不改变指针指向，如何交换 a、b 的值？请写出程序的代码。

2. 有程序如下：

```
#include <stdio.h>
int main()
{
  int a[10];
  int *p1,*p2,x,i;
  for(i=0,p1=a;i<10;i++)
    scanf("%d",p1+i);
  for(i=0;i<10;i++)
    printf("%4d",a[i]);
  printf("\n");
  for(p1=a,p2=a+9;p1<=a+4;p1++,p2--)
  {
```

```
    x=*p1;
    *p1=*p2;
    *p2=x;
  }
  for(i=0;i<10;i++)
    printf("%4d",a[i]);
  printf("\n");
  return 0;
}
```

（1）写出该程序的主要功能。

（2）指针变量的主要作用是什么？

（3）分析指针与数组的关系。

（4）写出程序的运行结果。

3．要使指针变量 pt1 指向 a 和 b 中的大者，pt2 指向小者，以下程序能否实现此目的？

```
#include<stdio.h>
void swap(int *p1,int *p2)
{
  int *p;
  p=p1;p1=p2;p2=p;
}
int main()
{
  int a,b;
  scanf("%d,%d",&a,&b);
  pt1=&a;pt2=&b;
  if(a<b)
    swap(pt1,pt2);
  printf("%d,%d\n",*pt1,*pt2);
 return 0;
}
```

上机调试此程序。如果不能实现题目要求，指出原因，并修改之。

4．分析下面程序。

```
#include <stdio.h>
#include <string.h>
int main()
{
  char *p;
  char ch;
  printf("capital or uncapital( c )?:");
  ch=getchar();
  if(ch=='c')
    strcpy(p,"COMPUTER");
  else
    strcpy(p,"computer");
  puts(p);
  return 0;
}
```

调试程序，指出错误并改正。

5．分析下面程序，并写出其主要功能。

```
#include <stdio.h>
int main()
```

```
{
  char *str[]={"ENGLISH","MATH","MUSIC","PHYSICS","CHEMISTRY"};
  char **q;
  int num;
  q=str;
  for(num=0;num<5;num++)
    printf("%s\n",*(q++));
  return 0;
}
```

6. 分析下面程序。

```
#include <stdio.h>
int *findmax(int *s,int t,int *k)
{
  int i,*p;
  p=s;
  for(i=1;i<t;i++)
    if(*p<s[i])
    {
      ______________
      ______________
    }
  return p;
}
int main()
{
  int a[10]={10,25,34,40,55,68,78,99,100,20},k,*add;
  add=findmax(a,10,&k);
  printf("%d,%d,%x\n",a[k],k,add);
  return 0;
}
```

（1）分析程序，写出程序的主要功能。

（2）把程序补充完整。

（3）写出指针作为函数的参数的作用。

7. 编写一个函数 ave(a,n)，其中 a 是一个一维整型数组，n 是数组长度，通过指针求数组中的平均数。

8. 利用指针编写程序，求字符串的长度。

9. 输入 10 个实数，利用指针求其中的最大值和平均值。

10. 输入 10 个数，将其从大到小排序。

11. 假如本程序文件名为 lab711，使用命令 lab711 book this hello 执行下面程序，输出结果是什么?

```
#include <string.h>
#include <stdio.h>
int main(int argc,char *argv[])
{
  void sort(char *s[],int n);
  char **p;
  sort(argv+1,argc-1);
  for(p=argv+1;argc--;p++)
    printf("%s\n",*p);
  return 0;
}
void sort(char *w[],int n)
```

```
{
  int i,j;
  char word[20];
  for(i=0;i<n;i++)
    for(j=i+1;j<n;j++)
      if(strcmp(w[i],w[j])>0)
      {
        strcpy(word,w[i]);
        strcpy(w[i],w[j]);
        strcpy(w[j],word);
      }
}
```

实验 8　结构体、共用体与枚举类型

一、实验目的和要求

（1）掌握枚举类型的基本使用方法。

（2）掌握共用体的概念和应用。

（3）掌握结构体变量及结构体数组的定义和使用。

（4）掌握简单链表的基本使用方法。

二、实验内容和步骤

1．有 5 个学生，每个学生的数据包括学号、姓名、性别、4 门课的成绩，从键盘输入 5 个学生的数据，要求输出 4 门课的平均成绩，以及平均成绩最高的学生信息（包括学号、姓名、性别、4 门课的成绩、平均分数）。

同时要求用 in()函数输入 5 个学生的数据；用 aver()函数求平均分；用 max()函数找出平均成绩最高的学生数据；学生的数据在 out()函数中输出。

2．输入并运行以下程序。

```
#include <stdio.h>
union data
{
  char c[4];
  long b;
  int i[2];
};
int main()
{
  union data s;
  scanf("%c,%c,%c,%c",&s.c[0],&s.c[1],&s.c[2],&s.c[3]);
  printf("i[0]=%d,i[1]=%d\nb=%ld\nc[0]=%c,c[1]=%c,c[2]=%c,c[3]=%c\n",
    s.i[0],s.i[1],s.b,s.c[0],s.c[1],s.c[2],s.c[3]);
  return 0;
}
```

（1）输入 4 个字符 a、b、c、d 给 s.i[0]、s.c[1]、s.c[2]、s.c[3]，并分析运行结果。

（2）将 scanf 语句改为：

```
scanf("%ld",&s.b);
```

输入 876543 给 b，分析运行结果。

3．请用枚举类型表示一年的 12 个月，并输出每个月的天数。

4．建立一个有 5 个结点的单向链表，每个结点包含姓名、年龄和工资。编写两个函数，一个用于建立链表，另一个用来输出链表。

5. 在上题的基础上，编写函数 find()，根据姓名查找一个结点，并输出该结点的信息。

6. 在上题的基础上，编写函数 del()，根据姓名（假定姓名不能重名）删除一个结点，并输出删除后的链表。

7. 在上题的基础上，编写函数 insert()，插入一个结点，并输出插入后的链表。

实验 9　文　　件

一、实验目的和要求

（1）掌握文件以及缓冲文件系统、文件指针的概念。

（2）了解文件操作的一般步骤。

（3）熟练掌握文件的各种操作，包括文件的打开、文件的关闭、文件的顺序读/写、文件的随机读/写、文件结束检测和文件操作出错检测。

二、实验内容和步骤

编写程序并上机调试运行。

1. 有 5 个学生，每个学生有 3 门课的成绩，从键盘输入学号、姓名以及 3 门课成绩，计算出他们的平均成绩并将原有数据和计算出的平均分数存放在磁盘文件 stud.txt 中。

设 5 名学生的学号、姓名和 3 门课成绩如下：

99101	Wang	89,98,67
99109	Li	60,80,90
99106	Fun	75.5,91,99
99110	Ling	100,50,62
99013	Yuan	58,68,71

在向文件 stud.txt 写入数据后，检查验证文件中的内容是否正确。

2. 将上题 stud.txt 文件中的学生数据，按平均分进行排序（降序）处理，并将已排序的学生数据存入一个新文件 stu_sort.txt 中。

在向文件 stu_sort.txt 写入数据后，检查验证 stu_sort.txt 文件中的内容是否正确。

3. 在上题已排序的学生成绩文件中插入一个学生信息。程序先计算新插入学生的平均成绩，然后将它按成绩高低顺序插入，插入后建立一个新文件 stu_new.txt。

要插入的学生信息为：

99108	Xin	90,95,60

在向新文件 stu_new.txt 写入数据后，应检查验证文件中的内容是否正确。

4. 依据上题的学生信息，进行如下操作：

（1）查找学号为 99106 的学生，若能查找到，输出该学生的信息，否则，输出“Can not find!”。

（2）将文件 stu_new.txt 中学号为 99110 的学生的姓名修改为 Xiang。

（3）将文件 stu_new.txt 中学号为 99101 的学生信息删除。

实验 10　面向对象程序设计

一、实验目的和要求

（1）理解类的定义和使用。

（2）了解具有不同访问属性的成员的访问方式。

（3）了解构造函数和析构函数的执行过程。

二、实验内容和步骤

1. 分析下面程序，观察程序的运行结果。

```
#include <iostream.h>
class Student
{
    int No;
    char Name[20];
    public:
    Student();
    void Input();
    void Output();
};
Student::Student()
{
    cout<<"hello"<<endl;
}
void Student::Input()
{
    cin>>No>>name;
}
void Student::Output()
{
    cout<<No<<" "<<name<<endl;
}
int main()
{
    Student x;
    x.Input();
    x.Output();
    return 0;
}
```

（1）指出构造函数和成员函数。

（2）指出类的公有成员和私有成员。

（3）观察对象的生成过程。

2. 定义一个 CPU 类，包含等级（rank）、频率（frequency）、电压（voltage）等属性，有两个公有成员函数 run、stop。其中，rank 为枚举类型 CPU_Rank，定义为 enum CPU_Rank{P1=l,P2,P3,P4,P5,P6,P7}，frequency 为单位是 MHz 的整型数，voltage 为浮点型电压值，观察构造函数和析构函数的调用顺序。

（1）定义枚举类型 CPU_Rank，如 enum CPU_Rank{Pl=l,P2,P3,P4,P5,P6,P7}。

（2）再定义 CPU 类，包含等级（rank）、频率（frequency）、电压（voltage）等私有数据成员。

（3）定义公有成员函数 run()、stop()，用来输出提示信息。

（4）在构造函数和析构函数中也可以输出提示信息。

（5）在主程序中定义一个 CPU 的对象，调用其成员函数，观察类对象的构造与析构顺序，以及成员函数的调用。

第 3 章 上机实验 参考答案

实验 1 C 语言程序设计初步 参考答案

1. 略

2. 参考答案

（1）运行结果：

```
@
@ @
@ @ @
@ @ @ @
@ @ @ @ @
```

（2）运行结果：

```
@@@@@@@@@
 @@@@@@@
  @@@@@
   @@@
    @
```

（3）分析：

① 第 2 行主函数 Main()的 M 应为小写。

② 主函数的函数体应加花括号。

③ scanf()函数中变量 y 前应为&符号。

④ 4～6 行结尾少了语句结束标记“;”号。

⑤ 应是先计算后输出，即最后两行交换。

正确程序如下：

```
#include <stdio.h>
int main()
{
   int p,x,y;
   scanf("%d%d",&x,&y);
   p=x+y;
   printf("The sum of x and y is: %d",p);
  return 0;
}
```

3. 参考程序

```
#include <stdio.h>
int main()
{
  printf("Good Morning,Everyone!");
  return 0;
}
```

4. 参考程序

Ctest.c 文件代码：

```
#include<stdio.h>
int main()
{
  extern void add(int x,int y);
  extern void sub(int x,int y);
  extern void mul(int x,int y);
  extern void div(int x,int y);
  int a,b;
  scanf("%d%d",&a,&b);
  add(a,b);
  sub(a,b);
  mul(a,b);
  div(a,b);
  return 0;
}
```

Ctest1.c 文件代码：

```
void add(int x,int y)
{
  printf("add=%d\n",x+y);
}
```

Ctest2.c 文件代码：

```
void sub(int x,int y)
{
  printf("sub=%d\n",x-y);
}
```

Ctest3.c 文件代码：

```
void mul(int x,int y)
{
  printf("mul=%d\n",x*y);
}
```

Ctest4.c 文件代码：

```
void div(int x,int y)
{
  printf("div=%d\n",x/y);
}
```

实验 2　数据类型与简单输入/输出 参考答案

1. 运行结果

```
c1=A    c2=a
```

（1）在"printf("c1=%c\tc2=%c\n",c1,c2);"语句后，增加一个"printf("c1=%d\tc2=%d\n", c1,c2);"语句，也就是把变量 c1、c2 的值按"%d"格式输出。

运行结果：

```
c1=A     c2=a
c1=65    c2=97
```

（2）运行结果如下：

```
c1=A    c2=a
```

（3）把“c1='A';c2='a';”改为“c1="A";c2="a";”不可以。因为 c1、c2 为字符型，而“c1="A";c2="a";”则是把字符串常量赋值给了字符型变量。

（4）运行结果如下：

```
c1=ÿ   c2=,
```

因为字符型数据在内存中占一个字节，字符的 ASCII 码值为 0~127。

2. 运行结果

```
a=100, b=100, x=200.000, y=200.000000
a=6553700, b=  0, x=200.000, y=200.000000
x=200.000, x=2.00e+02, x=200
100,65436
```

3. 运行结果

```
B C D
=
I say:"How do you do?"
\C Program\
Turbo 'C'
```

4. 参考答案

（1）本程序 scanf()中地址表列有错，应改为

```
scanf("a=%d,b=%d",&a,&b);
getchar();
scanf("c=%f,d=%f",&c,&d);
getchar();
scanf("x=%u,y=%u",&x,&y);
getchar();
scanf("c1=%c,c2=%c",&c1,&c2);
```

（2）运行之后 a、b、c、d、x、y、c1、c2 的值为

```
a=1,b=2↙

a=     1,b=     2
c=-107374176.00,d=-107374176.00
x=3435973836,y=3435973836
c1=?c2=?
```

（3）在输入 a、b、c、d、x、y 的语句之后各增加一个“getchar();”语句，再运行，a、b、c、d、x、y、c1、c2 的值为

```
a=1,b=2↙
c=3.0,d=4.0
x=5,y=6↙
c1=A,c2=B↙

a=     1,b=     2
c=    3.00,d=    4.00
x=5,y=6
c1=A,c2=B
```

（4）将输入 x、y 的语句改为“scanf("%d,%d",&x,&y);”，并输入 x 的值为 65536，y 的值为 32768。

运行结果：

```
a=1,b=2↙
c=3.0,d=4.0↙
65536,32768↙
c1=A,c2=B↙
```

```
a=    1,b=    2
c=   3.00,d=   4.00
x=0,y=32768
c1=A,c2=B
```

（5）输入 x 的值为 65536，y 的值为 32768，把输出 x、y 的语句改为：

```
printf("x=%d,y=%d\n",x,y);
```

运行结果：

```
a=1,b=2↙
c=3.0,d=4.0↙
x=65536,y=32768↙
c1=A,c2=B↙

a=    1,b=    2
c=   3.00,d=   4.00
x=0,y=32768
c1=A,c2=B
```

5. 参考程序

```
#include<stdio.h>
int main()
{
  int a=4,c=51274;
  float b=2.2;
  char c1='A';
  a=a-1;
  b=b-1;
  printf("a=%-3d,b=%-6.2f,c=%8d\n",a,b,c);
  printf("\'%c\' or %d\n",c1,c1);
  return 0;
}
```

实验 3　运算符与表达式 参考答案

1. 分析

++i、++j 的++在变量前，则运算时，在使用 i 之前，i 值先加 1；i++、j++，++在变量后，在使用 i 之后，i 值再加 1。

（1）运行程序，i、j、a、b 各变量的值分别是：2，3，2，2。

（2）将“a=++i;b=j++;”语句改为“a=i++;b=++j;”，再运行程序，i、j、a、b 各变量的值分别是：2，3，1，3。

（3）将程序改为：

```
main()
{
  int i,j;
  i=1;
  j=2;
  printf("%d,%d",i++,j++);
}
```

运行程序，i、j 的值是：1，2。

（4）在（3）的基础上，将 printf 语句改为“printf("%d,%d",++i,++j);”，运行程序，i、j 的值是：

2，3。

（5）再将 printf 语句改为“printf("%d,%d,%d,%d",i,j,i++,j++);”，运行结果为：2，3，1，2。

（6）运行结果为：i=2,j=1,a=1,b=-1。

2．分析

在表达式中包含有自增、自减运算时，给表达式的运算带来了灵活性，但也易给人造成一些混淆。例如 a=4，printf("%d,%d\n",(a--)+(a--)+(a--),a);在 printf()中参数右结合性，所以，逗号表达式运算时，a 的值为 4，然后把 a 的值作为(a--)+(a--)+(a--)表达式中 a 的值，再进行 a 的值相加，得 9，其他由读者自己分析。

运行结果：

```
9,4
6,4
12,0
7,2
```

3．参考程序

```
#include <stdio.h>
int main()
{
  float x,y;
  printf("input value of x:");
  scanf("%f",&x);
  y=4.8*x-1/2;
  printf("output y1=%f\n",y);
  y=(int)x%2/5-x;
  printf("output y2=%f\n",y);
  y=x>100&&x<200;
  printf("output y3=%d\n",y);
  y=x>=100|x<=10;
  printf("output y4=%d\n",y);
  y=(x-=x*100,x/=100);
  printf("output y5=%f\n",y);
  return 0;
}
```

4．运行结果

```
a=10
a=5
a=20
a=0
a=2
```

5．参考程序

```
#include <stdio.h>
int main()
{
  int x,y,z;
  printf("input x,y,z:");
  scanf("%d,%d,%d",&x,&y,&z);
  printf("exp1=%d\n",x<y?y:x);
  printf("exp2=%d\n",x<y?x++:y++);
  printf("exp3=%d\n",z+=(x<y?x++:y++));
  return 0;
}
```

运行结果：

```
input x,y,z:3,2,1
exp1=3
exp2=2
exp3=4
```

6. 参考程序

```
#include <stdio.h>
int main()
{
  printf("int=%d\n",sizeof(int));
  printf("short int =%d\n",sizeof(short int));
  printf("long int=%d\n",sizeof(long int));
  printf("unsigned int=%d\n",sizeof(unsigned int));
  printf("unsigned long=%d\n",sizeof(unsigned long));
  printf("float=%d\n",sizeof(float));
  printf("double=%d\n",sizeof(double));
  printf("char=%d\n",sizeof(char));
  return 0;
}
```

运行结果：

```
int=2
short int=2
long int=4
unsigned int=2
unsigned long=4
float=4
double=8
char=1
```

7. 运行结果

```
67.000000
```

表达式“ch/i+f*d-(f+i)”的结果类型是 double 类型。

8. 运行结果

```
x=3.600000,i=3
```

实验 4　程序流程控制 参考答案

1. 参考程序

```
#define PI 3.14159
#include <stdio.h>
int main()
{
  float r,c,s1,s2,v;
  printf("Enter r:");
  scanf("%f",&r);
  c=2*PI*r;
  s1=PI*r*r;
  s2=4*PI*r*r;
  v=4/3.0*PI*r*r*r;
  printf("The circumference is %.2f.\n",c);
  printf("The area is %.2f.\n",s1);
  printf("The surface area is %.2f.\n",s2);
```

```
  printf("The volume is %.2f.\n",v);
  return 0;
}
```

2. 参考答案

(1) temp=a
　　a=b
　　b=temp

(2) a=4,b=8
　　a=8,b=4

(3) 略。

(4) 参考程序:

```
#include <stdio.h>
int main()
{
  int a=4,b=8;
  printf("a=%d,b=%d\n",a,b);
  a=a+b;
  b=a-b;
  a=a-b;
  printf("a=%d,b=%d\n",a,b);
  return 0;
}
```

3. 程序的功能是将一个 3 位整数头尾倒置。

4. 参考答案

(1) 参考程序:

```
#include <stdio.h>
int main()
{
  float x,y;
  printf("Please input x:");
  scanf("%f",&x);
  if(x<1)  y=x;
  else if(x<10)  y=2*x-5;
  else  y=3*x-11;
  printf("y=%f\n",y);
  return 0;
}
```

(2) 参考程序:

```
#include <stdio.h>
int main()
{
  float score;
  printf("Please input score:");
  scanf("%f",&score);
  if(score>100)  printf("Input error!");
  else if(score>=90)  printf("%f:A\n",score);
  else if(score>=80)  printf("%f:B\n",score);
  else if(score>=70)  printf("%f:C\n",score);
  else if(score>=60)  printf("%f:D\n",score);
  else if(score>=0)   printf("%f:E\n",score);
  else  printf("Input error!");
  return 0;
}
```

（3）参考程序：

```
#include <stdlib.h>
main()
{
  long x;
  int i=0;
  printf("Please input x:");
  scanf("%ld",&x);
  if(x>=100000||x<0)
  {
    printf("Input error!");
    exit(0);
  }
  do
  {
    printf("%d",x%10);
    i++;
    x=x/10;
  }while(x!=0);
  printf("\ni=%d\n",i);
  return 0;
}
```

5. 运行结果

（1） 2 3 5 7 11 13 17 19 23 29 31 37 41 43 47

（2）Chi（注意：回车符“↙”也作为一个字符）

（3）x=13

6. 分析

方法一：借助最大公约数。两个数的最小公倍数等于这两个数的积除以其最大公约数，这样，可以先利用辗转相除法求出最大公约数，进而求出最小公倍数。

参考程序：

```
#include <stdio.h>
int main()
{
  int a,b,u,v,r;
  printf("Please input a and b:");
  scanf("%d%d",&a,&b);
  u=a;
  v=b;
  r=u%v;
  while(r!=0)
  {
    u=v;
    v=r;
    r=u%v;
  }
  printf("%d\n",a*b/v);
  return 0;
}
```

方法二：利用穷举法。两个数的最小公倍数大于这两个数中的最大数，同时小于这两个数的积，可以将这个范围内的数按从小到大的顺序一一列举出来，若找到第一个同时能整除这两个数的数，便是最小公倍数。

参考程序：

```
#include <stdio.h>
int main()
{
  int a,b,max,i;
  printf("Please input a and b:");
  scanf("%d%d",&a,&b);
  if(a>b)
    max=a;
  else
    max=b;
  for(i=max;i<=a*b;i++)
    if(i%a==0&&i%b==0)  break;
  printf("%d\n",i);
  return 0;
}
```

7. 分析

（迭代法）设猴子共摘了 x_0 个桃子，第 1 天剩下的桃子数为 x_1、第 2 天剩下的桃子数为 x_2，……，第 9 天剩下的桃子个数为 x_9，则有

$x_9=x_8/2-1$、$x_8=x_7/2-1$、…、$x_1=x_0/2-1$

即

$x_8=(x_9+1)*2$、$x_7=(x_8+1)*2$、…、$x_0=(x_1+1)*2$

因为第 9 天剩下的桃子个数 x_9 是已知的，如果定义迭代变量为 x，则可以将上面的倒推公式转换成如下的迭代公式：

$x=(x+1)*2$（x 的初值为第 9 天剩下的桃子数 1）

让这个迭代公式重复执行 9 次，就可以倒推出第 1 天所摘桃子的个数。因为所需的迭代次数是个确定的值，可以使用一个固定次数的循环来实现对迭代过程的控制。

参考程序：

```
#include <stdio.h>
int main()
{
  int x=1,i;
  for(i=1;i<=9;i++)
    x=(x+1)*2;
  printf("%d\n",x);
  return 0;
}
```

将题意改为猴子每天吃了前一天剩下的一半后，再吃两个，则迭代公式为：

$x=(x+2)*2$（x 的初值为第九天剩下的桃子数 1）

参考程序：

```
#include <stdio.h>
int main()
{
  int x=1,i;
  for(i=1;i<=9;i++)
    x=(x+2)*2;
```

```
  printf("%d\n",x);
  return 0;
}
```

8．分析

式子中后一项数据是前一项数据的 10 倍再加上 *a* 的值。

参考程序：

```
#include <stdio.h>
int main()
{
  int a,n,i;
  long sum=0,s=0;
  printf("Please input a and n:");
  scanf("%d%d",&a,&n);
  for(i=1;i<=n;i++)
  {
    s=s*10+a;
    sum=sum+s;
  }
  printf("%ld\n",sum);
  return 0;
}
```

或

```
#include <stdio.h>
int main()
{
  int a,n,i;
  long sum,s;
  printf("Please input a and n:");
  scanf("%d%d",&a,&n);
  sum=s=a;
  for(i=2;i<=n;i++)
  {
    s=s*10+a;
    sum=sum+s;
  }
  printf("%ld\n",sum);
  return 0;
}
```

9．分析

数字金字塔中第 i 行的打印可以分为以下 4 步：

第 1 步：打印 3×(9−i)个空格。

第 2 步：打印数字 1 到 i，并在每个数字后加两个空格（或在输出数字时设置域宽为 3）。

第 3 步：打印数字 i-1 到 1，并在每个数字后加两个空格（或在输出数字时设置域宽为 3）。

第 4 步：换行。

参考程序：

```
#include <stdio.h>
int main()
{
  int i,j;
  for(i=1;i<=9;i++)
```

```
  {
    for(j=1;j<=3*(9-i);j++)
      putchar(' ');
    for(j=1;j<=i;j++)
      printf("%-3d",j);
    for(j=i-1;j>0;j--)
      printf("%-3d",j);
    putchar('\n');
  }
  return 0;
}
```

实验 5　模块化编程 参考答案

1. 参考答案

（1）该程序的主要功能是：从键盘上输入两个整数，并求出其中的最大值。

（2）自定义函数 fun1()实现该程序的功能，要求在主函数内实现数据的输入和输出，部分代码已经给出，请补充完整。

```
#include <stdio.h>
int main()
{
  int max,a,b;
  int fun1(int,int);                /*函数的声明语句*/
  printf("Please enter 2 numbers:(a,b)");
  scanf("%d,%d",&a,&b);
  max=fun1(a,b);                    /*函数的调用语句*/
  printf("max=%d\n",max);
  return 0;
}
int fun1(int x,int y)               /*函数头*/
{
  int max;
  if(x>y)
    max=x;
  else
    max=y;
  return max;                       /*函数的返回语句*/
}
```

（3）运行结果：

```
Please enter 2 numbers:(a,b)
4,5
max=5
```

2. 参考答案

（1）出错信息：Linker error：Undefined symbol '_f' in model

错误原因是：函数调用错误，调用函数 fun2 却调用了没有定义的函数 f()。

（2）程序应该改为：

```
#include <stdio.h>
int main()
{
  float x,y;
```

```
  float fun2(float a,float b);
  scanf("%f,%f",&x,&y);
  printf("x+|y|=%f",fun2(x,y));
  return 0;
}
float fun2(float a,float b)
{
  float c;
  if(b>0)
    c=a+b;
  else
    c=a-b;
  return c;
}
```

（3）运行结果：

```
3,-4
x+|y|=7
```

3. 改正后的程序

```
#include <stdio.h>
int main()
{
  int x,n,s;
  int power(int x,int n);
  printf("Please enter x,n");
  scanf("%d,%d",&x,&n);
  s=power(x,n);
  printf("value =%d",s);
  return 0;
}
int power(int x,int n)
{
  int i,p=1;
  for(i=1;i<=n;i++)
    p=p*x;
  return p;
}
```

4. 参考程序

```
long fun(int x,int y)
{
  int i,p=1;
  for(i=1;i<=y;i++)
    p=p*x;
  return p;
}
```

5. 参考程序

```
#include <stdio.h>
int main()
{
  int fun5(int);
  printf("1+2+3+…+10=%d",fun5(10));
  return 0;
}
int fun5(int n)
```

```
{
  if(n==0)
    return 0;
  else
    return n+fun5(n-1);
}
```

6. 参考程序

```
#include <stdio.h>
int main()
{
  long fun6(int);
  clrscr();
  printf("5!=%ld",fun6(5));
  return 0;
}
long fun6(int n)
{
  long data=1;
  if(n==0)
  {
    data=1;
    printf("%d!=%ld\n",n,data);
  }
  else
  {
    printf("%d-->",n);
    data=n*fun6(n-1);
    printf("%d!=%ld\n",n,data);
  }
  return data;
}
```

7. 运行结果

```
x=2,y=3
x0=3,y0=13
x=2,y=3
x0=5,y0=15
```

（1）分析自动变量的作用域和生存期。

在主函数里定义的自动变量 x、y，其作用域仅限于所在的函数（main）内。故两次的输出语句均为“x=2,y=3”。其生存期与所在函数共存，即从函数调用开始到调用结束为止。

在子函数 fun7()里定义的 y 也为自动变量，其作用域仅限于所在的函数（fun7）内，生存期与所在函数共存。即函数调用开始到调用结束为止，故每次调用的初值均为 10。

（2）分析静态变量的作用域和生存期。

在子函数 fun7 里定义的 *x* 为静态局部变量，其作用域仅限于所在的函数（fun7）内，其生存期与所在程序共存，即程序开始运行时到程序运行结束为止，所以每次调用 fun7()，其值有继承性，第 1 次调用初值为 1，第 2 次调用初值为 3。

8. 参考答案

运行结果：

```
1:x=0    y=0
```

```
2:x=110 y=100
3:x=110 y=100
```

（1）分析外部变量的作用域和生存期。

外部变量的作用域为从所定义的位置开始到整个文件的结束，其生存期与程序共存。本程序中 x、y 为外部变量，其作用域初始定义应该在 fun8y()。

（2）注意 extern 关键字的用法。

extern 可扩充定义外部变量的作用域，把 x、y 扩充到函数 main()和函数 fun8x()。

9. 参考答案

运行结果：

```
6
```

（1）分析#include 命令的用法。

文件包含命令是以#include 开始的预处理命令，其主要功能是将指定的文件内容嵌入到文件包含命令所在的地方，取代该命令，从而把指定的文件和当前的源程序文件连成一个源文件。

（2）分析#define 命令的用法。

这是宏定义命令。C 语言源程序中允许用一个标识符来表示一个字符串，称为“宏”，被定义为“宏”的标识符，称为“宏名”。若一个宏简单地表示一个常量，则该宏称为符号常数。在编译预处理时，对程序中所有出现的“宏名”，都用宏定义中的字符串去代换，称为“宏代换”或“宏展开”。

宏定义由源程序中的宏定义命令完成。宏展开由编译预处理程序自动完成。在 C 语言中，“宏”分为有参数宏和无参数宏两种。

10. 参考程序

```c
#include <stdio.h>
#include <stdlib.h>
int main()
{
  int i,seed;
  printf("Please enter the seed:");
  scanf("%d",&seed);
  srand(seed);        /*设置随机函数 rand()的种子数，其中的参数便是种子*/
  i=101+rand()%100;  /*调用随机函数 rand(); 其中和 100 取余保证随机数不大于 99*/
  printf("data=%d\n",i);
  return 0;
}
```

11. 参考程序

注意：三角形面积的公式。

```c
#include <stdio.h>
#include <math.h>
double area()
{
  int x1,y1,x2,y2,x3,y3;
  double a,b,c;
  double p,value;
  printf("Please enter 1st point(x,y):");
  scanf("%d,%d",&x1,&y1);
  printf ("please enter 2nd point(x,y):") ;
  scanf("%d,%d",&x2,&y2);
  printf ("please enter 3nd point(x,y):") ;
  scanf("%d,%d",&x3,&y3);
```

```
  a=sqrt((x1-x2)*(x1-x2)+(y1-y2)*(y1-y2));
  b=sqrt((x1-x3)*(x1-x3)+(y1-y3)*(y1-y3));
  c=sqrt((x2-x3)*(x2-x3)+(y2-y3)*(y2-y3));
  p=(a+b+c)/2;
  value=sqrt(p*(p-a)*(p-b)*(p-c));
  return value;
}
```

实验 6　数组 参考答案

1. 参考答案

（1）测试程序如下：

```
#include <stdio.h>
int main()
{
  int num;
  scanf("%d",&num);
  int score[num];
  return 0;
}
```

不正确，不能以变量定义数组。

（2）测试程序如下：

```
#define N 10
#include <stdio.h>
int main()
{
  int score[N];
  scanf("%d",&score[3]);
  printf("%d",score[3]);
  return 0;
}
```

正确，运行结果：

```
12↙
12
```

（3）测试程序如下：

```
#include <stdio.h>
int main()
{
  int score[];
  scanf("%d",&score[1]);
  return 0;
}
```

不正确，应给出数组的长度，运行出现以下错误提示：

```
d:\000\613.c(4):error C2133:'score':unknown size
```

（4）测试程序如下：

```
#include <stdio.h>
int main()
{
  int score[2*3-2];
  scanf("%d",&score[1]);
  printf("%d",score[1]);
```

```
  return 0;
}
```

正确，运行结果：

```
23↙
23
```

（5）测试程序如下：

```
#define I 3
#define J 4
#include <stdio.h>
int main()
{
  int a[I][J];
  scanf("%d",&a[1][2]);
  printf("%d",a[1][2]);
  return 0;
}
```

正确，运行结果：

```
56↙
56
```

（6）测试程序如下：

```
#define N 3
#include <stdio.h>
int main()
{
  int a[][N];
  scanf("%d",&a[1][2]);
  printf("%d",a[1][2]);
  return 0;
}
```

不正确，应给出二维数组的大小，运行时会出现以下错误提示：

```
d:\000\616.c(5):error C2133:'a':unknown size
```

2. 参考答案

（1）abcde

（2）120034506789

（3）2000000000

（4）除对角线元素为1外，其余均为随机数，即每次运行结果可能不同，其中的一次运行结果如下：

```
1       2952    2994    530     3023
65      1       1098    408     3647
1       73      1       1098    6111
1490    1289    74      1       6069
-31     1491    2       66      1
```

（5）运行结果如下：

```
3
0
```

（6）运行结果如下：

```
str[2]=test!,str[2][1]=e,str=This
```

3. 参考程序

```
#include <stdio.h>
```

```
int main()
{
  int a[10],i,count=0;
  printf("Please input the scores of the 10 students:\n");
  for(i=0;i<10;i++)
  {
    scanf("%d\n",&a[i]);
  }
  printf("\n");
  for(i=0;i<10;i++)
    if(a[i]<60)
    {
      ++count;
      printf("Not pass student No: %d\n",i);
    }
  printf("\n Not pass count: %d\n",count);
  return 0;
}
```

运行结果：

```
Please input the scores of the 10 students:
100
50
60
80
54
100
90
80
70
76
65

Not pass student No: 1
Not pass student No: 4

Not pass count: 2
```

4. 参考答案

(1) 参考程序：

```
#include <string.h>
#include <stdio.h>
#define N 80
void nixu(char s[])
{
  int i,n;
  char ch;
  n=strlen(s);
  for(i=0;i<n/2;i++)
  {
    ch=s[i];
    s[i]=s[n-i-1];
    s[n-i-1]=ch;
  }
}
```

(2) 参考程序：

```
#include <stdio.h>
```

```
int main()
{
   char str[N];
   printf("Please input the string(0-20):\n");
   gets(str);
   nixu(str);
   printf("%s",str);
  return 0;
}
```

运行结果：

```
Please input the string(0-20):
This is a book
koob a si sihT
```

5. 参考答案

（1）参考程序：

```
void sort(int a[],int n)
{
  int i,j,temp;
  for(i=0;i<=n-1;i++)
   for(j=0;j<=n-i-2;j++)
     if(a[j]>a[j+1])
     {
       temp=a[j];
       a[j]=a[j+1];
       a[j+1]=temp;
     }
  return;
}
```

（2）参考程序：

```
void enter(int a[],int n)
{
  int i;
  for(i=0;i<n;i++)
    scanf("%d",&a[i]);
  printf("\nOriginal numbers:\n");
  for(i=0;i<n;i++)
    printf("%d",a[i]);
  printf("\n");
  return;
}
```

（3）参考程序：

```
void print(int a[],int n)
{
  int i;
  printf("\nSorted numbers:\n");
  for(i=0;i<n;i++)
      printf("%5d",a[i]);
  return;
}
```

（4）参考程序：

```
#include <stdio.h>
int main()
```

```
{
   int a[30],n=30;
   enter(a,n);
   sort(a,n);
   print(a,10);
  return 0;
}
```

运行结果：

```
200 198 156 155 167 188 187 130 234 235
267 289 290 285 283 287 171 172 188 189
147 181 183 190 191 193 195 166 167 188
Original numbers:
200  198  156  155  167  188  187  130  234  235  267  289  290  285  283  287
171  172  188  189  147  181  183  190  191  193  195  166  167  188
10 top numbers:
290  289  287  285  283  267  235  234  200  198
```

6. 参考程序

```
#include <stdio.h>
int main()
{
  int i,j,a[3][4];
    for(i=0;i<3;i++)
      for(j=0;j<4;j++)
        scanf("%d",&a[i][j]);
    for(i=0;i<3;i++)
      for(j=0;j<4;j++)
      {
        if(a[i][j]<0)
        printf("\na[%d][%d]=%d is negative.\n",i,j,a[i][j]);
    }
  return 0;
}
```

运行结果：

```
1    -1   2    5
4    5    6    7
-2   -3   6    7

a[0][1]=-1 is negative.

a[2][0]=-2 is negative.

a[2][1]=-3 is negative.
```

7. 参考程序

```
#include<stdio.h>
#define SIZE 10
int main()
{
  int a[SIZE]={1,2,35,6,39,47,53,4,5,10};
  int i,j,x;
  for(i=0;i<SIZE;i++)
    printf("%4d",a[i]);
  printf("please enter a x:\n");
  scanf("%d",&x);
  for(i=0;i<SIZE;i++)
```

```
    if(a[i]==x)
      break;
  for(j=i;j<SIZE-1;j++)
    a[j]=a[j+1];
  for(i=0;i<SIZE-1;i++)
    printf("%4d",a[i]);
  printf("\n");
  return 0;
}
```

8. 参考程序

```
#include<stdio.h>
int main()
{
  int i,m,n,p=0;
  printf("请输入n m的值: ");
  scanf("%d %d",&n,&m);
  for(i=0;i<=n;i++)
  {
    if(i*2+(n-i)*4==m)
    {
      printf("%d %d\n",n,m);
      p=1;
    }
  }
  if(p==0)
    printf("No answer\n");
  return 0;
}
```

实验 7　指针　参考答案

1. 参考答案

（1）程序的主要功能是：从键盘上输入两个数据，并从小到大输出。

（2）补充程序如下：

```
#include<stdio.h>
int main()
{
  int a,b,*pa,*pb,*p;
  pa=&a;      /*pa 指向 a*/
  pb=&b;      /*pb 指向 b*/
  scanf("%d,%d",pa,pb);
  if(*pa>*pb)
    {p=pa;pa=pb;pb=p;}       /*pa 和 pb 交换指向*/
  printf("%d<=%d\n",*pa,*pb);
  return 0;
}
```

（3）运行结果：

```
7,4↙
4<=7
```

（4）先定义一个临时变量 temp：

```
int temp;
temp=*pa;*pa=*pb;*pb=temp;
```

2. 参考答案

（1）程序的主要功能：从键盘上输入 10 个数据存放到一维数组中，逆序后输出。

（2）指针变量的主要作用：快速地访问数组的数据元素。

（3）分析指针与数组的关系：用指针变量指向数组，通过对指针变量的操作，来改变数组元素，方便、快捷。

（4）运行结果：

```
1 3 56 7 8 45 2 4 5 67↙
   1   3  56   7   8   45  2   4   5  67
  67   5   4   2   45  8   7  56   3   1
```

3. 参考答案

不能实现此目的。原因是在 swap()中，只改变了指针指向，并没有对数据内容发生改变。可以将 swap 函数改为：

```
void swap(int *p1,int *p2)
{
  int temp;
  temp=*p1;
  *p1=*p2;
  *p2=temp;
}
```

4. 参考答案

程序的错误在于：p 指针在赋值以前，没有为其分配内存空间。应该改为：

```
#include <stdio.h>
#include <string.h>
int main()
{
  char *p,array[20];
  char ch;
  p=array;
  printf("capital or uncapital(c)?:");
  ch=getchar();
  if(ch=='c')
    strcpy(p,"COMPUTER");
  else
    strcpy(p,"computer");
  puts(p);
  return 0;
}
```

5. 参考答案

程序的主要功能是：用字符指针数组存放 5 个字符串，然后用指向指针的指针 q 访问该数组，并输出所指向的字符串。

6. 参考答案

（1）程序的主要功能：该程序的主要功能为从一个数组中查找出最大值，并把其在数组中的位置（从零开始）和内存地址显示出来。

（2）完整的程序如下：

```
#include <stdio.h>
int *findmax(int *s,int t,int *k)
{
```

```
  int i,*p;
  p=s;
  for(i=1;i<t;i++)
    if(*p<s[i])
    {
     p=s+i;
     *k=i;
    }
  return p;
}
int main()
{
  int a[10]={10,25,34,40,55,68,78,99,100,20},k,*add;
  add=findmax(a,10,&k);
  printf("%d,%d,%x\n",a[k],k,add);
  return 0;
}
```

（3）指针作为函数的参数的作用：指针作为函数参数，可以使实参和形参有一个共同指向，对形参改变的同时也能影响实参值。

7. 参考程序

```
float ave(int a[],int n)
{
  int s=0,i;
  for(i=0,p=a;i<n;i++,p++)
  {
    s+=*p;
  }
  return (float)s/n;
}
```

8. 参考程序

```
int strlen(char *s)
{
  int d=0;
  while(*s!='\0')
  {
    d++;
    s++;
  }
  return d;
}
```

9. 参考程序

```
#include <stdio.h>
void find_maxave(double arr[],double *max,double *ave,int n)
{
  int i;
  double *p,sum=0.0;
  p=arr;
  for(i=0;i<n;i++)
  {
    sum+=arr[i];
    if(*p<arr[i])
      p=arr+i;
  }
```

```
  *max=*p;
  *ave=sum/n;
}
int main()
{
  double a[10]={10,25,34,40,55,68,78,99,100,20},m,av;
  find_maxave(a,&m,&av,10);
  printf("%.2lf,%.2lf\n",m,av);
  return 0;
}
```

10. 参考程序

```
#include <stdio.h>
int main()
{
  int arr[10],i;
  void sort(int a[],int n);
  printf("Please enter 10 datas:");
  for(i=0;i<10;i++)
    scanf("%d",&arr[i]);
  printf("before sorted:");
  for(i=0;i<10;i++)
    printf("%4d",arr[i]);
  printf("\n");
  sort(arr,10);
  printf("after sorted:");
  for(i=0;i<10;i++)
    printf("%4d",arr[i]);
  printf("\n");
return 0;
}
void sort(int a[],int n)
{
  int i,j,temp;
  for(i=1;i<n;i++)
  {
    for(j=0;j<n-i;j++)
    {
      if(a[j]>a[j+1])
      {
        temp=a[j];
        a[j]=a[j+1];
        a[j+1]=temp;
      }
    }
  }
}
```

11. 运行结果

```
book
hello
this
```

实验 8　结构体、共用体与枚举类型 参考答案

1. 分析

有 5 个学生，每个学生的数据包括学号、姓名、性别、4 门课的成绩，可建立结构体数组的

数据结构如下：

```
struct student              /*定义结构体*/
{
  long num;                 /*学号*/
  char name[20];            /*姓名*/
  char sex;                 /*性别*/
  float score[4];           /*4 门课成绩*/
  float average;            /*平均成绩*/
}stu[5];
```

用 in()函数输入 5 个学生数据；用 aver()函数求 4 门课程的平均分；用 max()函数找出平均成绩最高的学生数据，在该函数中，设置变量 k 记录平均分最高的数组下标；用 out()函数输出学生的数据信息。

参考程序：

```
#include "stdio.h"
#define NUM  5
struct student              /*定义结构体*/
{
  long num;                 /*学号*/
  char name[20];            /*姓名*/
  char sex;                 /*性别*/
  float score[4];           /*4 门课成绩*/
  float average;            /*平均成绩*/
} stu[NUM];

void in()                   /*输入数据*/
{
  int i,j;
  for(i=0;i<NUM;i++)
  {
    printf("\n please input No. %d data:\n",i);
    printf("student_No:");
    scanf("%ld",&stu[i].num);
    printf("student_name:");
    scanf("%s",stu[i].name);
    printf("student_sex:");
    scanf("%c",&stu[i].sex);
    stu[i].sex=getchar();
    getchar();
    for(j=0;j<4;j++)        /*输入每个学生 4 门课成绩，并计算出总成绩*/
    {
      printf("score %d:",j+1);
      scanf("%f",&stu[i].score[j]);
    }
  }
}
void aver(struct student stu_ave[],int n)
{
  int i,j;
  float sum;
  for(i=0;i<n;i++)
  {
    sum=0;
    stu_ave[i].average=0;
```

```
    for(j=0;j<4;j++)
      sum+=stu_ave[i].score[j];
    stu_ave[i].average=sum/4;
  }
}
void max(struct student stu_ave[],int n)
{
  int i,j,k;
  float av;
  av=stu_ave[0].average;
  for(j=0;j<n;j++)
  {
    if(av<stu_ave[j].average)
    {
      av=stu_ave[j].average;
      k=j;
    }
  }
  printf("\nNO  Name  Sex  Score1  Score2  Score3  Score4  average\n");
  printf("%ld  %s  %c",stu_ave[k].num,stu_ave[k].name,stu_ave[k].sex);
  printf("%f  %f  %f  %f  %f\n",stu_ave[k].score[0],stu_ave[k].score[1],\
      stu_ave[k].score[2],stu_ave[k].score[3],stu_ave[k].average);
  return;

}

void out()                              /*输出平均成绩*/
{
  int i;
  printf("\nst_NO\tst_average\n");
  for(i=0;i<NUM;i++)
  {
    printf("%ld\t%f\n",stu[i].num,stu[i].average);
  }
}
int main()                              /*主函数*/
{
  in();
  aver(stu,NUM);
  out();
  max(stu,NUM);
  return 0;
}
```

2. 分析

本题定义了一个共用体类型，如下所示：

```
union data
{
  char c[4];
  long b;
  int i[2];
};
```

s 是一个共用体变量，其成员 c、b 和 i 是共用内存单元的，通过语句

```
scanf("%c,%c,%c,%c",&s.c[0],&s.c[1],&s.c[2],&s.c[3]);
```

输入4个字符a、b、c、d给s.i[0]、s.c[1]、s.c[2]、s.c[3]，则b的占用内存单元和c[4]以及i[2]的内存单元完全相同。

运行结果：

```
a,b,c,d↙
i[0]=25185,i[1]=25699
b=1684234849
c[0]=a,c[1]=b,c[2]=c,c[3]=d
```

同理将scanf语句改为：

```
scanf("%ld",&s.b);
```

输入876543给b，运行结果为：

```
876543
i[0]=24575,i[1]=13
b=876543
,c[3]= c[1]=_,c[2]=
```

3. 分析

根据题意，可定义枚举类型enum body{ Jan,Feb,…,Nov,Dec}。枚举类型变量常用于循环控制变量，枚举常量用于多路选择控制情况，用month作为循环变量，它的值（枚举常量）便用于多路选择控制情况。

参考程序：

```
#include <stdio.h>
enum body{Jan,Feb,Mar,Apr,May,Jun,Jul,Aug,Sep,Oct,Nov,Dec}; /*定义枚举类型*/
void main()
{
  enum body month;
  for(month=Jan;month<Dec;month++)
  {
    switch(month)
    {
      case Jan:  printf("January:31\n"); break;
      case Feb:  printf("February:28\n");  break;
      case Mar:  printf("March:31\n");  break;
      case Apr:  printf("April:30\n"); break;
      case May:  printf("May:31\n"); break;
      case Jun:  printf("June:30\n"); break;
      case Jul:  printf("July:31\n"); break;
      case Aug:  printf("August:31\n"); break;
      case Sep:  printf("September:30\n");  break;
      case Oct:  printf("October:31\n");  break;
      case Nov:  printf("November:30\n"); break;
      case Dec:  printf("December:31\n"); break;
    }
  }
}
```

4. 分析

根据题意，可建立链表数据结构如下：

```
struct stu
{
  char name[20];
  int age;
  float salary;
```

```
struct stu *next;
};
```

用 creat()建立链表，该函数是一个指针函数，返回的指针指向 stu 结构，用于建立一个有 n 个结点的链表。在 creat()函数内定义 3 个 stu 结构体类型的指针变量，head 为头指针，pf 为指向两相邻结点的前一结点的指针变量，pb 为后一结点的指针变量。

用 malloc()开辟一个长度与 stu 结构体类型长度相等的内存空间作为结点，并将首地址赋给 pb，然后输入结点数据。如果当前结点为第 1 个结点（i==0），则把 pb 值（该结点指针）赋给 head 和 pf。如果不是第 1 个结点，则把 pb 值赋给 pf 所指结点的指针域成员 next。而 pb 所指结点为当前的最后结点，其指针域赋 NULL。再把 pb 值赋给 pf 以作下一次建立结点准备。

用 print()输出链表中各个结点数据域值。设形参 head 的初值指向链表第 1 个结点，再循环输出各结点的值。

参考程序：

```
#include "stdio.h"
#include "stdlib.h"
#define NULL 0
#define LEN sizeof(struct stu)
struct stu                                  /*定义链表数据结构*/
{
  char name[20];
  int age;
  float salary;
  struct stu *next;
};
struct stu *creat(int n)                    /*建立链表函数creat*/
{
  struct stu *head,*pf,*pb;
  int i;
  char numstr[20];
  for(i=0;i<n;i++)
  {
    pb=(struct stu*) malloc(LEN);     /*强制类型转换为指针*/
    printf("enter name:");
    gets(pb->name);
    printf("enter age:");
    gets(numstr); pb->age=atol(numstr);
    printf("enter salary:");
    gets(numstr);pb->salary=atof(numstr);
    if(i==0)
      head=pf=pb;
    else pf->next=pb;
      pb->next=NULL;
    pf=pb;
  }
  return(head);
}
void print(struct stu *head)                /*输出链表函数print*/
{
  printf("Name\tAge\tSalary\n");
  while(head!=NULL)
  {
    printf("%s\t%d\t%lf\n",head->name,head->age,head->salary);
```

```
    head=head->next;
  }
}
int main()                              /*主函数*/
{
  struct stu *head;
  head=creat(5);
  print(head);
  return 0;
}
```

5．分析

本函数可设两个形参，head 是指向链表的指针变量，f_name 为要查找的姓名。然后，从链表头逐个检查结点的 name 成员是否等于 f_name，如果不等于 f_name 且指针域不等于 NULL（不是最后结点）则后移一个结点，继续查找；如果找到该结点则返回结点指针；如果循环结束仍未找到该结点，则输出没有找到的提示。

参考程序：

```
void find(struct stu *head,char f_name[20])
{
  struct stu *p;
  p=head;
  while(strcmp(p->name,f_name)!=0&&p->next!=NULL)
    p=p->next;                          /*不是要找的结点指针后移*/
  if(strcmp(p->name,f_name)==0)
    printf("name=%s,age=%d,salary=%f\n",p->name,p->age,p->salary);
  if(strcmp(p->name,f_name)!=0&&p->next==NULL)
    printf("Node %s has not been found!\n",f_name);
}
```

6．分析

删除一个结点一般有两种情况：

（1）被删除结点如果是第 1 个结点，只需使头指针 head 指向第 2 个结点即可，即 head=pb->next;。

（2）被删除结点如果不是第 1 个结点，需要使被删除结点的前一结点指向被删除结点的后一结点即可，即 pf->next=pb->next;。

参考程序：

```
void del(struct stu *head,char del_name[20])
{
  struct stu *pf,*pb;
  if(head==NULL)                    /*如为空表，输出提示信息*/
  {
    printf("\nempty list!\n");
    goto end;
  }
  pb=head;
  /*如果不是要删除的结点，而且也不是最后一个结点时，继续循环*/
  while(strcmp(pb->name,del_name)!=0&&pb->next!=NULL)
  {
    pf=pb;pb=pb->next;              /*pf 指向当前结点，pb 指向下一结点*/
  }
  /*如果找到被删除结点，且为第一结点，则使 head 指向第二个结点，否则使 pf 所指结点的*/
```

```
    /*指针指向下一结点*/
    if(strcmp(pb->name,del_name)==0)
    {
      if(pb==head) head=pb->next;
      else pf->next=pb->next;
      free(pb);
      printf("The node is deleted\n");
    }
    else
    printf("The node not been found!\n");
    end:
    print(head);                      /*调用输出链表函数print*/
  }
```

7. 分析

在一个链表插入结点，要求链表是有序的。在本题中，链表是按照姓名的升序排列的，如果按照姓名顺序插入一个结点，设被插入结点的指针为 pi，可在 3 种不同情况下插入。

（1）原表是空表，只需使 head 指向被插入结点即可。

（2）被插入结点值最小，应插入在第 1 个结点之前。这种情况下使 head 指向被插入结点，被插入结点的指针域指向原来的第 1 个结点则可。即 pi->next=pb;head=pi;。

（3）在其他位置插入，使插入位置的前一结点的指针域指向被插入结点，使被插入结点的指针域指向插入位置的后一结点。即 pi->next=pb;pf->next=pi;。

（4）在表末插入，使原表末结点指针域指向被插入结点，被插入结点指针域置为 NULL，即 pb->next=pi;pi->next=NULL;。

参考程序：

```
void insert(struct stu *head,struct stu *pi)
{
  struct stu *pf,*pb;
  pb=head;
  if(head==NULL)                      /*空表插入*/
  {
    head=pi;
    pi->next=NULL;
  }
  else
  {
    while((strcmp(pi->name,pb->name)>0)&&(pb->next!=NULL))
    {
      pf=pb;
      pb=pb->next;
    }                                 /*查找插入位置*/
    if(strcmp(pi->name,pb->name)<=0)
    {
      if(head==pb) head=pi;           /*在第一结点之前插入*/
      else pf->next=pi;               /*在其他位置插入*/
      pi->next=pb;
    }
    else
    {
      pb->next=pi;
      pi->next=NULL;
```

```
    }                                          /*在表末插入*/
  }
  print(head);                                 /*调用输出链表函数print*/
}
```

实验 9　文件 参考答案

1. 参考程序

```
#include <stdio.h>
#include <stdlib.h>
#include <conio.h>
#define N 5
struct stud
{
  long num;
  char name[20];
  float score[3];
  float ave;
}student[N];
int main()
{
  FILE *fp;
  char numstr[20];
  int i,j;
  float sum;
  if((fp=fopen("stud.txt","wb"))==NULL)
  {
    printf("\nCannot open file!\n");
    getch();
    exit(1);
  }
  for(i=0;i<N;i++)
  {
    sum=0.0;
    printf("\nenter the information of number [%d]:\n",i+1);
    printf("enter num:");gets(numstr);student[i].num=atol(numstr);
    printf("enter name:");gets(student[i].name);
    for(j=0;j<3;j++)
    {
      printf("enter score[%d]:",j+1);
      gets(numstr);
      student[i].score[j]=atof(numstr);
      sum+=student[i].score[j];
    }
    student[i].ave=sum/3;
    fwrite(&student[i],sizeof(student[i]),1,fp);
  }
  fclose(fp);
  return 0;
}
```

如果要验证文件中的内容是否正确，可以将文件 stud.txt 中的内容读出来。注意，不能直接打开文件 stud.txt 来验证其内容，因为在上面的程序中是用二进制的形式对文件操作的。

```
#include <stdio.h>
```

```
#include <stdlib.h>
#include <conio.h>
struct stud
{
  long num;
  char name[20];
  float score[3];
  float ave;
}student;
int main()
{
  FILE *fp;
  int i;
  if((fp=fopen("stud.txt","rb"))==NULL)
  {
    printf("\nCannot open file!\n");
    getch();
    exit(1);
  }
  while(fread(&student,sizeof(student),1,fp)==1)
  {
    printf("num:%ld\n",student.num);
    printf("name:%s\n",student.name);
    for(i=0;i<3;i++)
      printf("score[%d]:%f\n",i+1,student.score[i]);
    printf("average:%f\n",student.ave);
    printf("\n");
  }
  fclose(fp);
  return 0;
}
```

2. 分析

将 stud.txt 文件中的学生数据读到一个数组中，利用冒泡法或选择法进行排序，然后将排序的学生数据写入文件 stu_sort.txt 中。

参考程序：

```
#include <stdio.h>
#include <stdlib.h>
#include <conio.h>
#define N 5
struct stud
{
  long num;
  char name[20];
  float score[3];
  float ave;
}student[N],temp;
int main()
{
  FILE *fp1,*fp2;
  int i,j;
  if((fp1=fopen("stud.txt","rb"))==NULL)
  {
    printf("\nCannot open file!\n");
```

```
    getch();
    exit(1);
  }
  for(i=0;i<N;i++)
    fread(&student[i],sizeof(student[i]),1,fp1);
  fclose(fp1);
  for(i=0;i<N-1;i++)
    for(j=0;j<N-i-1;j++)
    {
      if(student[j].ave<student[j+1].ave)
      {
        temp=student[j];
        student[j]=student[j+1];
        student[j+1]=temp;
      }
    }
  if((fp2=fopen("stu_sort.txt","wb"))==NULL)
  {
    printf("\nCannot open file!\n");
    getch();
    exit(1);
  }
  for(i=0;i<N;i++)
    fwrite(&student[i],sizeof(student[i]),1,fp2);
  fclose(fp2);
  return 0;
}
```

要验证 stu_sort.txt 文件中的内容是否正确，可以编写一个与第 1 题中的显示程序类似的程序，只需要将“fopen("stud.txt","rb")”改为“fopen("stu_sort.txt","rb")”。将 stu_sort.txt 文件中的内容读出来进行显示。

3. 分析

从 stu_sort.txt 文件中读出学生的信息，每读出一个学生的信息，就将其成绩与新学生的成绩进行比较，若前者比后者大，先将前者的信息写入文件 stu_new.txt 中，再将后者的信息写入，然后将剩余的信息写入；否则，先将后者的信息写入文件 stu_new.txt 中，再将前者的信息写入，然后将剩余的信息写入。

参考程序：

```
#include <stdio.h>
#include <stdlib.h>
#include <conio.h>
struct stud
{
  long num;
  char name[20];
  float score[3];
  float ave;
}student,temp;
int main()
{
  FILE *fp1,*fp2;
  int i,j,numstr;
  char numstr[30];
```

```
  printf("\ninsert information:\n");
  printf("enter num:");gets(numstr);temp.num=atol(numstr);
  printf("enter name:");gets(temp.name);
  for(i=0;i<3;i++)
  {
    printf("enter score[%d]:",i+1);
    gets(numstr);
    temp.score[i]=atof(numstr);
    temp.ave+=temp.score[i];
  }
  temp.ave/=3;
  if((fp1=fopen("stu_sort.txt","rb"))==NULL)
  {
    printf("\nCannot open file!\n");
    getch();
    exit(1);
  }
  if((fp2=fopen("stu_new.txt","wb"))==NULL)
  {
    printf("\nCannot open file!\n");
    getch();
    exit(1);
  }
  while(fread(&student,sizeof(student),1,fp1)==1)
    if(student.ave>=temp.ave)
      fwrite(&student,sizeof(student),1,fp2);
    else
    {                                                    /*增加一行*/
      fwrite(&temp,sizeof(temp),1,fp2);
      fwrite(&student,sizeof(student),1,fp2);            /*增加一行*/
      break;                                             /*增加一行*/
    }                                                    /*增加一行*/
  while(fread(&student,sizeof(student),1,fp1)==1)       /*增加一行*/
    fwrite(&student,sizeof(student),1,fp2);              /*增加一行*/
  fclose(fp1);
  fclose(fp2);
  return 0;
}
```

要验证文件 stu_new.txt 中的内容是否正确，可以编写一个与第 1 题中的显示程序相类似的程序（只需将"fopen("stud.txt","rb")"改为"fopen("stu_new.txt","rb")"），将 stu_new.txt 文件中的内容读出来进行显示。

4. 参考答案

（1）分析：从 stu_new.txt 文件中读出学生的信息，每读出一个学生的信息，就将其学号与要查找的学生的学号进行比较，若相等，输出该学生的信息；若文件 stu_new.txt 中所有学生的学号与要查找的学生的学号都不相等，表示没有要查找的学生的信息，输出"Can not find!"。

参考程序：

```
#include <stdio.h>
#include <stdlib.h>
#include <conio.h>
struct stud
{
  long num;
  char name[20];
  float score[3];
```

```
  float ave;
}student;
int main()
{
  FILE *fp;
  int flag=0;
  long id;
  printf("\n Enter the num you want to find: ");
  scanf("%ld",&id);
  if((fp=fopen("stu_new.txt","rb"))==NULL)
  {
    printf("\nCannot open file!\n");
    getch();
    exit(1);
  }
  while(fread(&student,sizeof(student),1,fp)==1)
    if(student.num==id)
    {
      flag=1;
      break;
    }
  if(flag==1)
  {
    int i;
    printf("num:%ld\n",student.num);
    printf("name:%s\n",student.name);
    for(i=0;i<3;i++)
      printf("score[%d]:%f\n",i+1,student.score[i]);
    printf("average:%f\n",student.ave);
    printf("\n");
  }
  else
    printf("Can not find!\n");
  fclose(fp);
  return 0;
}
```

（2）分析：从 stu_new.txt 文件中读出学生的信息，每读出一个学生的信息，就将其学号与要修改的学生的学号进行比较，若不相等，将该学生的信息写入临时文件 temp.txt 中；若相等，将该学生的信息按要求修改后写入临时文件 temp.txt 中。若文件 stu_new.txt 中所有学生的学号与要修改的学生的学号都不相等，表示没有要修改的学生的信息，输出“Can not find!”。最后，将文件 stu_new.txt 删除，将临时文件 temp.txt 的名字改为 stu_new.txt。

参考程序：

```
#include <stdio.h>
#include <stdlib.h>
#include <conio.h>
#include <string.h>
struct stud
{
  long num;
  char name[20];
  float score[3];
  float ave;
}student,temp;
```

```
int main()
{
  FILE *fp1,*fp2;
  int flag=0;
  long id;
  char ch[20];
  printf("\n Enter the student's num you want to change:");
  scanf("%ld",&id);
  getchar();
  printf("\n Enter the new name:");
  gets(ch);
  if((fp1=fopen("stu_new.txt","rb"))==NULL)
  {
    printf("\nCannot open file!\n");
    getch();
    exit(1);
  }
  if((fp2=fopen("temp.txt","wb"))==NULL)
  {
    printf("\nCannot open file!\n");
    getch();
    exit(1);
  }
  while(fread(&student,sizeof(student),1,fp1)==1)
  {
    if(student.num==id)
    {
      flag=1;
      strcpy(student.name,ch);
    }
    fwrite(&student,sizeof(student),1,fp2);
  }
  if(flag==0)
  {
    fclose(fp1);
    fclose(fp2);
    remove(fp2);
    printf("Can not find!\n");
    getch();
    exit(1);
  }
  else
  {
    fclose(fp1);
    fclose(fp2);
    remove("stu_new.txt");
    rename("temp.txt","stu_new.txt");
    printf("change success!\n");
    getch();
    exit(1);
  }
  return 0;
}
```

（3）删除学号为“99101”的学生信息，将剩余的学生信息仍按顺序存放在文件 stu_new.txt 中。

分析：从 stu_new.txt 文件中读出学生的信息，每读出一个学生的信息，就将其学号与要删除的学生的学号进行比较，若不相等，将该学生的信息写入临时文件 temp.txt 中；若相等，不将该学生的信息写入临时文件 temp.txt 中。若文件 stu_new.txt 中所有学生的学号与要删除的学生的学号都不相等，表示没有要删除的学生的信息，输出“Can not find!”。最后，将文件 stu_new.txt 删除，将临时文件 temp.txt 的名字改为 stu_new.txt。

参考程序：

```
#include <stdio.h>
#include <stdlib.h>
#include <conio.h>
#include <string.h>
struct stud
{
  long num;
  char name[20];
  float score[3];
  float ave;
}student,temp;
int main()
{
  FILE *fp1,*fp2;
  int flag=0;
  long id;
  printf("\n Enter the student's num you want to delete:");
  scanf("%ld",&id);
  if((fp1=fopen("stu_new.txt","rb"))==NULL)
  {
    printf("\nCannot open file!\n");
    getch();
    exit(1);
  }
  if((fp2=fopen("temp.txt","wb"))==NULL)
  {
    printf("\nCannot open file!\n");
    getch();
    exit(1);
  }
  while(fread(&student,sizeof(student),1,fp1)==1)
    if(student.num!=id)
      fwrite(&student,sizeof(student),1,fp2);
    else
      flag=1;
  if(flag==0)
  {
    fclose(fp1);
    fclose(fp2);
    remove(fp2);
    printf("Can not find!\n");
    getch();
    exit(1);
  }
  else
  {
    fclose(fp1);
    fclose(fp2);
    remove("stu_new.txt");
    rename("temp.txt","stu_new.txt");
    printf("delete success!\n");
    getch();
```

```
    exit(1);
  }
  return 0;
}
```

实验 10　面向对象程序设计 参考答案

1. 参考答案

（1）构造函数：Student()。

成员函数：Input()和 Output()。

（2）公有成员：

```
Student();
Input();
Output();
```

私有成员：

```
int NO;
char name[20];
```

（3）自动调用构造函数，生成了对象 x。

2. 参考程序

```
#include <iostream.h>
enum CPU_Rank{P1=1,P2,P3,P4,P5,P6,P7};
class CPU
{
  CPU_Rank rank;
  int frequency;
  float voltage;
  public:
  CPU(CPU_Rank r,int f,float v)
  {
    rank=r;
    frequency=f;
    voltage=v;
    cout<<"构造了一个 CPU!"<<endl;
  }
  ~CPU()
  {
    cout<<"析构了一个 CPU!"<<endl;}
    CPU_Rank GetRank(){return rank;}
    int GetFrequency(){return frequency;}
    float GetVoltage(){return voltage;}
    void SetRank(CPU_Rank r){rank=r;}
    void SetFrequency(int f){frequency=f;}
    void SetVoltage(float v){voltage=v;}
    void Run(){cout<<"CPU 开始运行!\n";}
    void Stop(){cout<<"CPU 停止运行!"<<endl;
  }
};
int main()
{
  CPU a(P6,300,2.8);
  a.Run();
  a.Stop();
  return 0;
}
```

第4章 主教材习题解答

习题1 C语言程序设计概述 参考答案

一、选择题

1. D　2. D　3. B　4. C　5. D　6. C　7. C

二、问答题

1. 正确的标识符有：_312、file_name、end、_while、_class_、sNamE、printf。其余均为不正确的标识符。标识符命名规则是：标识符可以由字母、数字和下画线组成，并且第一字符必须为字母或下画线。

2. 计算机程序就是一组计算机能识别和执行的指令。

3. 计算机语言是人与计算机之间的“翻译”。

4. 简单程序的设计，具体步骤如下：

（1）问题分析与方案确定；（2）算法描述；（3）编写程序；（4）程序测试；（5）编写文档。

C程序设计的开发过程：

（1）设计算法；（2）编辑；（3）编译；（4）连接；（5）执行。

5. （1）源程序是用高级语言写的程序，如C语言的源程序的扩展名“.c”。目标程序是用一种称为编译程序的软件把用高级语言写的程序转换为机器指令的程序。可执行程序是“.com”，一般用于DOS，在Windows系统中的执行文件一般都是“.exe”文件。

（2）程序的编辑是使用一个文本编辑器编辑C语言源程序，并将其保存为文件扩展名为“.c”的文件。编译是将编辑好的C语言源程序翻译成二进制目标代码的过程。连接是将目标文件和库函数等连接在一起形成一个扩展名为“.exe”的可执行文件。运行可以脱离C语言编译系统，直接在操作系统下运行。若运行程序后达到预期的目的，则C程序的开发工作到此完成，否则要进一步修改源程序，重复编辑—编译—连接—运行的过程，直到取得正确结果为止。

6. C语言程序组成结构一般包括：（1）一个C语言程序是由一个或多个函数组成的，其中必须包含一个main()主函数（且只能有一个main()函数）。并且无论main()函数在程序中的任何位置，程序的执行总是从main()函数开始。（2）分号是C语句的必要组成部分，在每个数据声明和语句的最后必须有一个分号。（3）程序中的#include<stdio.h>通常称为命令行，命令行必须用“#”开头，行尾不能加“;”号，它不是C程序的语句。（4）程序应当包含注释，分为两种：即行注释“//”和块注释“/* 注释内容 */”。一个好的、有使用价值的源程序都应当加上必要的注释，以增加程序的可读性。（5）C语言本身不提供输入/输出语句。输入和输出的操作是由库函数scanf()和printf()等函数来完成的。（6）一个程序由一个或多个源程序文件组成。一个规模较小的程序，往往只包括一个源程序文件。

7. 参考程序如下：注意空格的使用。

```
#include<stdio.h>
int main()
{
  printf("    *\n");
  printf("  *   *\n");
  printf(" *      *\n");
  printf("  *   *\n");
  printf("    *\n");
  return 0;
}
```

习题 2　数据类型与简单输入/输出 参考答案

一、选择题

1. D　2. C　3. A　4. B　5. C　6. B　7. B　8. D　9. D　10. C　11. A
12. B　13. B　14. B

二、填空题

1. 字符 A　　2. scanf("%d,%d,%d",&i,&j,&k);　　3. 10,A,10

三、程序分析题

1. a=%d,b=%d　　2. a　　3. 32767，32767
4. “a='\';” 和 “c='\0xab';” 语句都不正确　　5. ?　a 147

习题 3　运算符与表达式 参考答案

一、选择题

1. C　2. B　3. C　4. B　5. A　6. B　7. A　8. D　9. B　10. D　11. C
12. B　13. D　14. D　15. D

二、填空题

1. 2,5,1,2,3,−2　/*注意不能遗漏逗号*/　2. 2,1　3. 28　4. 16　5. 0　6. 3

三、程序分析题

1. 2,2,2　2. 13.700000　3. 6,4　4. 2,1　5. 1　6. 6

习题 4　程序流程控制 参考答案

一、选择题

1. C　2. A　3. A　4. B　5. C　6. C　7. D　8. B　9. B　10. A　11. D
12. C　13. C　14. D　15. C

二、程序分析题

1. 根据 if 和 else 的配对规则，题中程序段可以改写成如下形式。

```
if(a<b)
  if(c<d)x=1;
  else
```

```
    if(a<c)
      if(b<d)x=2;
      else x=3;
    else x=6;
else x=7;
```

执行完程序段后 x 的值是 2。

2．0.500000

3．运行结果：

```
#&
&
&*
```

4．4

5．n/=10

三、编程题

1．分析

定义 3 个变量 x、max 和 min。先输入 1 个数给 x，把 x 既看做最大数也看做最小数，即 max=min=x；然后循环输入 4 个数给 x，每输入 1 个数，就将这个数分别与 max 和 min 进行比较，若比 max 大，就将这个数赋给 max；若比 min 小，就将这个数赋给 min。

参考程序：

```
#define N 5
#include<stdio.h>
int main()
{
  int x,max,min,i;
  scanf("%d",&x);
  max=min=x;
  i=2;
  while(i<=N)
  {
    scanf("%d",&x);
    if(max<x)  max=x;
    if(min>x)  min=x;
    i++;
  }
  printf("max=%d\nmin=%d\n",max,min);
  return 0;
}
```

2．分析

输入某年某月某日，要判断这一天是这一年的第几天，只需要将这个月以前的各个月的天数加起来，然后再加上这个月的日数即可。其中，1、3、5、7、8、10 月的天数为 31，4、6、9、11 月的天数为 30，闰年 2 月为 29 天，平年为 28 天。此问题适合用 switch 结构来解决，在罗列 case 时，case 后的值从 11 开始直到 1 为止，并且每个 case 后的执行语句中不要加 break 语句，这样就可以实现“将这个月以前的各个月的天数加起来”的功能。

参考程序：

```
#include<stdio.h>
int main()
{
  int year,month,day,i;
  printf("Please input year-month-day:");
```

```
  scanf("%d-%d-%d",&year,&month,&day);
  i=0;
  switch(month-1)
  {
    case  11: i+=30;
    case  10: i+=31;
    case  9: i+=30;
    case  8: i+=31;
    case  7: i+=31;
    case  6: i+=30;
    case  5: i+=31;
    case  4: i+=30;
    case  3: i+=31;
    case  2: if((year%400==0)||(year%4==0)&&(year%100!=0))
                i+=29;
             else
                i+=28;
    case  1: i+=31;
  }
  i+=day;
  printf("i=%d\n",i);
  return 0;
}
```

3．分析

定义 3 个变量 i、temp 和 sum，temp 用来存放 i 的阶乘，sum 用来存放阶乘和，用 i 来控制循环 20 次，每循环一次，先用 temp 乘以 i 算出 i 的阶乘，然后将 temp 加到 sum 上。循环结束后 sum 中的值便是所求结果。

参考程序：

```
#define N 20
#include<stdio.h>
int main()
{
  int i;
  long sum=0,temp=1;
  for(i=1;i<=N;i++)
  {
    temp*=i;
    sum+=temp;
  }
  printf("1!+2!+3!+…+20!=%ld\n",sum);
  return 0;
}
```

4．分析

将每个三位数的每一位分离出来，求出各位数字的立方和，若与此三位数相等，则此三位数为“水仙花数”。关键的问题是如何分离出三位数的每一位，可以这样考虑：若要分离个位上的数字，只需将此三位数和 10 进行求余即可；若要分离十位上的数字，只需先将此三位数除以 10，然后再和 10 进行求余即可；若要分离百位上的数字，只需将此三位数除以 100 即可。

参考程序：

```
#include<stdio.h>
int main()
{
  int i,x1,x2,x3;
  for(i=100;i<1000;i++)
  {
```

```
    x1=i%10;
    x2=i/10%10;
    x3=i/100;
    if(i==x1*x1*x1+x2*x2*x2+x3*x3*x3)
      printf("%5d\n",i);
  }
  return 0;
}
```

5. 分析

这个问题和“兔子繁殖问题”类似，不过参与循环迭代的量变为3个。

参考程序：

```
#include<stdio.h>
int main()
{
  int i;
  long a0=0,a1=1,a2=1,a3;
  printf("a0=%ld\na1=%ld\na2=%ld\n",a0,a1,a2);
  for(i=4;i<=20;i++)
  {
    a3=a0+2*a1+a2;
    printf("a%d=%ld\n",i,a3);
    a0=a1;
    a1=a2;
    a2=a3;
  }
  printf("\n");
  return 0;
}
```

6. 分析

这个问题和“搬砖问题”类似，不过需要注意的是钞票总的张数比钞票总额小。因此，在设计程序时，除了要控制好循环的执行次数外，还应该考虑到，在循环的过程中，当3种面值钞票的张数确定时，另外一种面值钞票的张数会出现负数的情况。

参考程序：

```
#include <conio.h>
#include<stdio.h>
int main()
{
  int x10,x5,x2,x1,n=0;
  for(x10=1;x10<=9;x10++)
    for(x5=1;x5<=19;x5++)
      for(x2=1;x2<=39;x2++)
      {
        x1=40-x10-x5-x2;
        if(10*x10+5*x5+2*x2+x1==100&&x1>0)
        {
          n++;
          printf("%2d:10 yuan(%2d)",n,x10);
          printf("  5 yuan(%2d)",x5);
          printf("  2 yuan(%2d)",x2);
          printf("  1 yuan(%2d)\n",x1);
          /* 当输出10种换法后，等待用户按任意键继续 */
          if(n%10==0)
          {
            printf("Press any key to continue...\n");
            getch();
          }
```

```
        }
      }
  return 0;
}
```

7. 参考程序

```
#include<stdio.h>
int main()
{
  int m,i,j,s;
  for(m=6;m<10000;m++)
  {
    s=0;
    /* 求出 m 的所有因子之和 s */
    for(i=1;i<m;i++)
      if(m%i==0) s=s+i;
    /* 若 m 和 s 相等，按题中所示格式输出 */
    if(m==s)
    {
      printf("%5d=",m);
      for(j=1;j<m;j++)
        if(m%j==0) printf("%d+",j);
      printf("\b \n");
    }
  }
  return 0;
}
```

8. 分析

设此数为 m。若 m=1，则结束，否则将 m 和 2 求余，若结果为 0，将 2 输出，然后在 m 的基础上除以 2，依此类推，直到 m 和 2 求余的结果不为 0 为止。若 m=1，则结束，否则将 m 和 3 求余，若结果为 0，将 3 输出，然后在 m 的基础上除以 3，重复前述过程，直到 m 和 3 求余的结果不为 0 为止。依此类推，便可得到想要的结果。

参考程序：

```
#include<stdio.h>
int main()
{
  int m,i;
  printf("Please input a number:");
  scanf("%d",&m);
  printf("%d=",m);
  for(i=2;m!=1;i++)
    if(m%i==0)
    {
      printf("%d*",i);
      m/=i;
      i-=1;
    }
  printf("\b \n");
  return 0;
}
```

或

```
#include<stdio.h>
int main()
{
  int m,i=2;
  printf("Please input a number:");
```

```
  scanf("%d",&m);
  printf("%d=",m);
  while(m!=1)
  {
    if(m%i==0)
    {
      printf("%d*",i);
      m/=i;
      continue;
    }
    i++;
  }
  printf("\b \n");
  return 0;
}
```

9. 参考程序

```
#include<stdio.h>
int main()
{
  int num,x1,x2,x3,x4,t,max,min,n=0;
  printf("Please input a number(XXXX):");
  scanf("%d",&num);
  while(num!=6174)
  {
    /* 先将4位数的每一位数字分离出来 */
    x1=num/1000;
    x2=num/100%10;
    x3=num/10%10;
    x4=num%10;
    /* 对上面的4个数字进行排序 */
    if(x1<x2)  {t=x1;x1=x2;x2=t;}
    if(x1<x3)  {t=x1;x1=x3;x3=t;}
    if(x1<x4)  {t=x1;x1=x4;x4=t;}
    if(x2<x3)  {t=x2;x2=x3;x3=t;}
    if(x2<x4)  {t=x2;x2=x4;x4=t;}
    if(x3<x4)  {t=x3;x3=x4;x4=t;}
    /* 形成由x1,x2,x3,x4构成的最大的四位数 */
    max=x1*1000+x2*100+x3*10+x4;
    /* 形成由x1,x2,x3,x4构成的最小的四位数 */
    min=x4*1000+x3*100+x2*10+x1;
    num=max-min;
    n++;
    printf("STEP %2d:%d-%d=%d\n",n,max,min,num);
  }
  return 0;
}
```

10. 参考程序

```
#include<stdio.h>
int main()
{
  long num1,t1,num2,sum1,t2,sum2;
  int n=0;
  printf("Please input a number:");
  scanf("%ld",&num1);
  while(1)
  {
    num2=sum2=0;
```

```
    /* 先将 num1 每一位数字分离出来组成数字相反的数 num2 */
    t1=num1;
    while(t1!=0)
    {
     num2=num2*10+t1%10;
     t1/=10;
    }
    /* 将 num1 与 num2 相加 */
    sum1=num1+num2;
    n++;
    printf("STEP %2d:%ld+%ld=%ld\n",n,num1,num2,sum1);
    /* 判断 sum1 是否为回文数 */
    t2=sum1;
    while(t2!=0)
    {
      sum2=sum2*10+t2%10;
      t2/=10;
    }
    if(sum1==sum2)  break;
    else num1=sum1;
  }
  return 0;
}
```

习题 5　模块化编程 参考答案

一、选择题

1. D　2. C　3. A　4. D　5. A　6. D　7. A　8. C　9. D　10. A　11. C

二、程序分析题

1. m=5,n=3

2. yes!5

   not!6

3. 5　7

三、编程题

1. 分析：求最大公约数，可以用辗转相除法，也可以用递归法。本程序采用递归法来解决，递归公式如下：

$$gys(a,b)=\begin{cases} b & (a\%b==0) \\ gys(b,a\%b) & (a\%b!=0) \end{cases}$$

求最小公倍数，可以先求出两个数的最大公约数，然后用两个数的乘积除以最大公约数就得出两个数的最小公倍数。

参考程序：

```
#include<stdio.h>
int gys(int a,int b)
{
  /*用递归法解决*/
  if(a<0||b<0)
  { printf("data error!\n");return -1;}
  if(a%b==0) return b;
```

```
  else return gys(b,a%b);
}
int gbs(int a,int b)
{
  int x,y,data;
  x=a/gys(a,b);
  y=b/gys(a,b);
  data=gys(a,b)*x*y;
  return data;
}
```

2. 参考程序

```
double max_three(double x,double y,double z)
{
  double max=x;
  if(max<y)
    max=y;
  if(max<z)
    max=z;
  return max;
}
```

3. 参考程序

```
#include <stdio.h>
#define PI 3.14159
double len_circle(double r)
{
  return 2*PI*r;
}
double area_circle(double r)
{
  return PI*r*r;
}
int main()
{
  double r,len,s;
  printf("Enter the radious:");
  scanf("%lf",&r);
  len=len_circle(r);
  s=area_circle(r);
  printf("len=%.3lf,area=%.3lf of circle(%.2lf)\n",len,s,r);
  return 0;
}
```

4. 参考程序

```
#include <stdio.h>
int fun(int n)
{
  int digit,data=0;
  do
  {
    digit=n%10;
    n/=10;
    data=data*10+digit;
  }while(n>0);
  return data;
}
int main()
{
  int n;
  printf("Please enter the data:");
```

```
  scanf("%d",&n);
  printf("the result is:%d\n",fun(n));
  return 0;
}
```

5. 宏定义如下：

```
#define CONVERT(c) (c>='A'&&c<='Z'?c+32:c)
```

习题6 数组 参考答案

一、填空题

1. D 2. B 3. C 4. D 5. B 6. A 7. B 8. C 9. D 10. B

二、程序填空题

1. 程序的功能：实现从键盘任意输入20个整数，输出其中的非负数。

输出结果：

```
12  23  5  8  3  5  0  1  4  3  10  11  100  78  29  1
```

（注意：输入数据的时候，数据用空格或回车键分隔。）

2.

【1】i=0;i<10;i++

【2】i<=j

【3】i++

【4】j--

3.

【1】&m[i][0],&m[i][1],&m[i][2],&m[i][3],&m[i][4]

【2】m[0][0]+m[1][1]+m[2][2]+m[3][3]+m[4][4]

【3】m[0][4]+m[1][3]+m[2][2]+m[3][1]+m[4][0]

4.

【1】input

【2】strlen(input)

【3】input[i]>input[j]

三、编程题

1. 分析

首先定义一个一维数组用来存放学生的成绩，然后根据学生的成绩判断是优秀、良好、及格，还是不及格即可。

参考程序：

```
#include <stdio.h>
int main()
{
  int score[105],i,numyou=0,numliang=0,numjige=0,numbujige=0;
  int n;
  scanf("%d",&n);
  for(i=0;i<n;i++)
    scanf("%d",&score[i]);
  for(i=0;i<n;i++)
  {
```

```
    if(score[i]>=85)
      numyou++;
    else if(score[i]>=70)
      numliang++;
    else if(score[i]>=60)
      numjige++;
    else
      numbujige++;
  }
  printf("%d%d%d%d\n",numyou,numliang,numjige,numbujige);
  return 0;
}
```

2. 分析

首先用一维数组储存原来的数组，在第 m 个整数后插入元素时，让 m 之后的元素整体后移，并令第 m 个元素的值为插入元素的值即可。

参考程序：

```
#include <stdio.h>
int main()
{
  int n,i,j,a[25],num,pos;
  scanf("%d",&n);
  for(i=0;i<n;i++)
    scanf("%d",&a[i]);
  scanf("%d%d",&num,&pos);
  for(i=n-1;i>=pos;i--)
    a[i+1]=a[i];
  a[pos]=num;
   for(i=0;i<=n;i++)
    printf("%d ",a[i]);
  printf("\n");
  return 0;
}
```

3. 分析

用一个二维数组存储原来方阵的元素，用另一个二维数组存储转置后方阵的元素，方阵的转置即为行变成列，列变成行。

参考程序：

```
#include <stdio.h>
int main()
{
  int i,j,n,a[12][12],b[12][12];
  scanf("%d",&n);
  for(i=0;i<n;i++)
    for(j=0;j<n;j++)
      scanf("%d",&a[i][j]);
  for(i=0;i<n;i++)
    for(j=0;j<n;j++)
      b[j][i]=a[i][j];
  for(i=0;i<n;i++)
  {
    for(j=0;j<n;j++)
      printf("%5d",b[i][j]);
    printf("\n");
  }
  return 0;
}
```

4. 分析

先用二维数组存储矩阵的元素，设一个变量 max，让 max 和各个矩阵元素比较大小，找出矩阵中元素的最大值，并把行和列的值记录下来。

参考程序：

```
#include <stdio.h>
int main()
{
  int i,j,a[4][5],max,x,y;
  for(i=0;i<4;i++)
    for(j=0;j<5;j++)
      scanf("%d",&a[i][j]);
  max=a[0][0];
  for(i=0;i<4;i++)
  {
    for(j=0;j<5;j++)
    {
      if(a[i][j]>max)
      {
        max=a[i][j];
        x=i;
        y=j;
      }
    }
  }
  printf("%d   %d\n",x+1,y+1);
  return 0;
}
```

5. 分析

判断是不是一个单词，只需判断其后面是不是空格即可。若是空格，则单词数目加 1，不是空格，单词数目不变。

参考程序：

```
#include <stdio.h>
#include <string.h>
int main()
{
  char str[100];
  int i,len,num=0;
  gets(str);
  len=strlen(str);
  for(i=0;i<len-1;i++)
  {
    if(str[i]!=' '&&str[i+1]==' ')
      num++;
  }
  if(str[len-1]!=' ')
    num++;
  printf("%d\n",num);
  return 0;
}
```

6. 分析

用字符数组存储字符串，然后判断字符串中哪些字符是小写，需要替换为大写，最后输出新的字符串即可。

参考程序：

```
#include <stdio.h>
#include<string.h>
int main()
{
  char str[100];
  int i=0,len;
  gets(str);
  while(str[i]!='\0')
  {
    if(str[i]>='a'&&str[i]<='z')
    str[i]=str[i]-32;
    i++;
  }
   i=0;
  while(str[i]!='\0')
  {
    printf("%c",str[i]);
    i++;
   }
  return 0;
}
```

7. 分析

直接将 str1 中的左面 n 个字符赋值给 str2 即可。

参考程序：

```
#include <stdio.h>
#include <string.h>
int main()
{
  char str1[100],str2[100]={'0'};
  int n,i;
  gets(str1);
  scanf("%d",&n);
  for(i=0;i<n;i++)
    str2[i]=str1[i];
   printf("%s\n",str2);
   return 0;
}
```

8. 分析

用一个字符数组存储字符串，然后在字符数组里面查找所要删除的字符，查找时用一重循环即可。

参考代码：

```
#include<stdio.h>
#include<string.h>
int main()
{
  int i,j=0;
  char str[100],ch;
  scanf("%s",str);
  getchar();
  scanf("%c",&ch);
```

```
  for(i=0;str[i]!='\0';++i)
    if(str[i]!=ch)
      str[j++]=str[i];
  str[j]='\0';
  printf("%s\n",str);
  return 0;
}
```

9. 分析

一维数组的排序问题有选择排序法和气泡排序法，无论是从小到大排序，还是从大到小排序，都可以用类似的方法。

参考程序：

```
#include <stdio.h>
int a[10];
void bubble()
{
  int i,j,tmp;
  for(i=0;i<9;i++)
  {
    for(j=0;j<9-i;j++ )
      if(a[j]>a[j+1])
      {
        tmp=a[j];
        a[j]=a[j+1];
        a[j+1]=tmp;
      }
  }
}
int main()
{
  int i;
  for(i=0;i<10;i++)
    scanf("%d",&a[i]);
  bubble();
  for(i=0;i<10;i++)
  {
    printf("%d ",a[i]);
  }
  printf("\n");
  return 0;
}
```

10. 分析

可以用一个二维数组存储方阵，我们从 1 开始填写，则一开始 1 的坐标为 x=0，y=n-1，之后的移动轨迹就是下、下、下、左、左、左、上、上、上、右、右、下、下、左、上。总之，先是下，到不能填了为止，然后是左，接着是上，最后是右。刚开始把所有格子都初始化为 0，是为了能更加方便地判断。

参考程序：

```
#include <stdio.h>
#include <string.h>
int main()
{
  int a[102][102];
  int n,x,y,tot=0,i,j;
```

```
  scanf("%d",&n);
  memset(a,0,sizeof(a));
  x=0;
  y=n-1;
  a[x][y]=1;
  tot=1;
  while(tot<n*n)
  {
    while(x+1<n&&!a[x+1][y])
      a[++x][y]=++tot;
    while(y-1>=0&&!a[x][y-1])
      a[x][--y]=++tot;
    while(x-1>=0&&!a[x-1][y])
      a[--x][y]=++tot;
    while(y+1<n&&!a[x][y+1])
      a[x][++y]=++tot;
  }
  for(i=0;i<n;i++)
  {
    for(j=0;j<n;j++)
      printf("%3d",a[i][j]);
    printf("\n");
  }
  return 0;
}
```

习题 7　指针　参考答案

一、选择题

1. D　2. B　3. A　4. C　5. A　6. A　7. C　8. C　9. C　10. A

二、程序分析题

1. 第 1 个不能对数据进行交换。

2. 运行结果

```
0  1  2  3  4  5  6  7  8  9
1  2  3  4  5  6  7  8  9  10
```

3. 运行结果

```
1  2  3  4  5  6  7  8  9  10
10  9  8  7  6  5  4  3  2  1
```

三、编程题

1. 参考程序

```
#include <stdio.h>
void sort_three(int*x,int*y,int*z)
{
  int t;
  if(*x>*y){t=*x;*x=*y;*y=t;}
  if(*x>*z){t=*x;*x=*z;*z=t;}
  if(*y>*z){t=*y;*y=*z;*z=t;}
}
int main()
{
  int a,b,c;
  printf("Enter 3 numbers:(a,b,c)");
```

```
  scanf("%d,%d,%d",&a,&b,&c);
  printf("Origin:%d,%d,%d\n",a,b,c);
  sort_three(&a,&b,&c);
  printf("Sort:%d,%d,%d\n",a,b,c);
  return 0;
}
```

2. 参考程序

```
#include <stdio.h>
char s1[10];
int main()
{
  int m,n;
  void pcopy(char*s,int m,int n);
  char s[]="this is a test!";
  printf("Enter m,n");
  scanf("%d,%d",&m,&n);
  pcopy(s,m-1,n-1);
  printf("%s\n",s1);
  return 0;
}
void pcopy(char*s,int m,int n)
{
  int i,j;
  for(j=0,i=m;i<=n;i++,j++)
    s1[j]=s[i];
}
```

3. 参考程序

```
#include <stdio.h>
int strlen(char*s)
{
  int i=0;
  while(*s!='\0')
  {
    s++;
    i++;
  }
  return i;
}
```

4. 参考程序

```
#include <stdio.h>
int main()
{
  double *pmax,*pmin;
  double score[10];
  double sum=0;
  int i;
  printf("Enter 10 student's scores:");
  for(i=0;i<10;i++)
  {
    scanf("%lf",&score[i]);
    sum+=score[i];
  }
  pmax=pmin=score;
  for(i=1;i<10;i++)
  {
    if(*pmax<score[i])  pmax=score+i;
```

```
    if(*pmin>score[i])  pmin=score+i;
  }
  printf("max=%.2lf,min=%.2lf,ave=%.2lf\n",*pmax,*pmin,sum/10);
  return 0;
}
```

5. 参考程序

```
#include <stdio.h>
int main()
{
  int *pmax,*pmin;
  int data[10],temp,i,n;
  printf("Enter n:");
  scanf("%d",&n);
  printf("Enter %d data:",n);
  for(i=0;i<n;i++)
    scanf("%d",&data[i]);
  printf("\nOrgin :");
  for(i=0;i<n;i++)
    printf("%4d",data[i]);
  pmax=pmin=data;
  /*用pmax,pmin定位，分别指向最大值和最小值*/
  for(i=1;i<n;i++)
    if(*pmax<data[i])  pmax=data+i;
  printf("max=%d\n",*pmax);
  /*用第一个元素和最大值交换*/
  temp=data[0];data[0]=*pmax;*pmax=temp;
  for(i=1;i<n;i++)
     if(*pmin>data[i])
       pmin=data+i;
  printf("min=%d\n",*pmin);
  /*最小值和最后一个元素交换*/
  temp=data[n-1];data[n-1]=*pmin;*pmin=temp;
  printf("\nSorted:");
  for(i=0;i<n;i++)
    printf("%4d",data[i]);
  printf("\n");
  return 0;
}
```

6. 分析

本题是约瑟夫问题，参考程序如下：

```
#include <stdio.h>
#define MAX 30
int main()
{
  int i,k,m,n,data[MAX],*p;
  printf("Enter numbers:");
  scanf("%d",&n);
  p=data;
  /*分号*/
  for(i=0;i<n;i++)
    *(p+i)=i+1;
  i=0;                                /*数组中第i个元素下标*/
  k=0;                                /*从1到5报数的计数器*/
  m=0;                                /*出圈人数的计数器*/
```

```
  while(m<n-1)
  {
    /*如果没有出圈,报数*/
    if(*(p+i)!=0) k++;
    /*如果报 5, 出圈*/
    if(k==5)
    {
      *(p+i)=0;
      k=0;
      m++;
    }
    i++;
    /*如果报到队尾,则循环继续下去*/
    if(i==n) i=0;
  }
  for(i=0;i<n;i++)
    if(data[i]!=0)
      printf("%d is left\n",data[i]);
  return 0;
}
```

习题 8　结构体、共用体与枚举类型 参考答案

一、选择题

1. C　2. B　3. B　4. C　5. C　6. D　7. C　8. D　9. B　10. D

二、填空题

1. sizeof(struct node)或 4　　2. 80

3. 【1】struct list *

　【2】q

三、程序分析题

1. 3　2　　2. 270.00

四、编程题

1. 分析

对于学生的信息，可以使用结构体表示，由于有 5 个学生，因此使用结构体数组，定义如下：

```
struct student
{
  long num;
  char name[20];
  float score[3];
  float total;
} stu[5];
```

其中，num 表示学号，name 表示姓名，使用数组 score[3]表示学生 3 门课成绩，total 表示每个学生的总成绩。

要求从键盘输入学生的数据，并计算出每个学生的总成绩，可定义一个函数 input()完成该功能。由于将学生信息（包括总成绩）按总成绩降序排列输出，所以可定义函数 sort()，使用冒泡法按照总成绩排序，并定义函数 display()按总成绩降序排列输出。

具体源程序参考程序如下：

```
#include "stdio.h"
#include "stdlib.h"
#define NUM 5
struct student                              /*定义结构体*/
{
  long num;                                 /*学号*/
  char name[20];                            /*姓名*/
  float score[3];                           /*三门课成绩*/
  float total;                              /*总成绩*/
} stu[NUM];

void input()                                /*输入数据并计算每个学生的总成绩*/
{
  int i,j;
  char numstr[30];
  for(i=0;i<NUM;i++)
  {
    printf("\n Please input No. %d data:\n",i+1);
    printf("student_No:");
    gets(numstr);stu[i].num=atol(numstr);
    printf("student_name:");
    gets(stu[i].name);
    stu[i].total=0;
    for(j=0;j<3;j++)                        /*输入每个学生 3 门课成绩，并计算出总成绩*/
    {
      printf("score %d:",j+1);
      gets(numstr);stu[i].score[j]=atof(numstr);
      stu[i].total+=stu[i].score[j];
    }
  }
}
void sort(struct student a[],int n) /*使用冒泡法按照总成绩排序*/
{
  int i,j,t;
  struct student temp[1];
  for(i=1;i<=n-1;i++)
  {
    t=n-i;
    for(j=0;j<=t-1;j++)
      if(a[j].total>a[j+1].total)
      {
        temp[0]=a[j];
        a[j]=a[j+1];
        a[j+1]=temp[0];
      }
  }
  return;
}
void display()                              /*按总成绩降序排列输出*/
{
  int i;
  printf("\nst_NO\tst_Name\tst_Score1\tst_Score2\tst_Score3\
  tst_Total\n");
  for(i=NUM-1;i>=0;i--)
  {
    printf("%ld\t%s\t%f\t%f\t%f\t%f\n",stu[i].num,stu[i].name,
    stu[i].score[0],stu[i].score[1],stu[i].score[2],stu[i].total);
  }
}
```

```
int main()                                  /*主函数*/
{
  input();
  sort(stu,NUM);
  display();
  return 0;
}
```

2. 分析

本题是统计每人得票数的程序,因此,可设计用于统计一个人得票信息的结构体 struct person。该结构体如下:

```
struct person
{
  char name[20];
  int count;                                /*选票数*/
};
```

其中, char name[20];记录候选人的名称, count 作为选票计数器。由于是 5 位候选人,因此,可定义结构体数组 struct person leader[5]。

参考程序:

```
#include <stdio.h>
#include <string.h>
#define NUMBER 10
struct person                               /*定义 1 个人的结构体信息*/
{
  char name[20];                            /*姓名*/
  int count;                                /*选票数*/
};
int main()
{
  struct person
  leader[5]={{"zhang",0},{"wang",0},{"li",0},{"zhao",0},{"liu",0}};
  int i,j;
  char leader_name[20];
  for(i=1;i<=NUMBER;i++)
  {
    gets(leader_name);
    for(j=0;j<5;j++)
      if(strcmp(leader_name,leader[j].name)==0)
        leader[j].count++;
  }
  for(i=0;i<5;i++)
    printf("%5s:%d\n",leader[i].name,leader[i].count);
  return 0;
}
```

3. 分析

在 VC 6.0 编译环境下,微机一个整数占两个字节,想分别使用这两个字节的内容,可以定义一个如下所示的共用体:

```
union int_byte
{
  int i;
  char ch[2];
};
```

这样，共用体变量 ib.i 的值在内存中占两个字节，高位占高字节，低位占低字节，而共用体变量 ib.ch[0]、ib.ch[1]正好分别可以表示高字节和低字节，将 ib.ch[0]，ib.ch[1]输出即可。

参考程序：

```
#include <stdio.h>
union int_byte
{
  int i;
  char ch[2];
};
int main()
{
  union int_byte ib;
  ib.i=24897;
  printf("ch0=%d,ch1=%d\n",ib.ch[0],ib.ch[1]);
  printf("ch2=%c,ch3=%c\n",ib.ch[0],ib.ch[1]);
  return 0;
}
```

4. 参考程序

```
#include "stdio.h"
#include "stdlib.h"
#define NULL 0
#define LEN sizeof (struct student)
struct student                                  /*定义链表数据结构*/
{
  long num;
  char name[20];
  float score[3];
  float total;
  struct student *next;
};
/*建立链表函数 creat，输入数据并计算每个学生的总成绩*/
struct student *creat(int n)
{
  struct student *head,*pf,*pb;
  int i,j;
  char numstr[20];
  for(i=0;i<n;i++)
  {
    pb=(struct student *) malloc(LEN);   /*强制类型转换为指针*/
    printf("Enter number:");
    gets(numstr); pb->num=atol(numstr);
    printf("Enter name:");
    gets(pb->name);
    printf("Please input student's score:\n");
    pb->total=0;
    for(j=0;j<3;j++)       /*输入每个学生三门课成绩，并计算出总成绩*/
    {
      printf("score %d:",j+1);
      gets(numstr);pb->score[j]=atof(numstr);
      pb->total+=pb->score[j];
    }
    if(i==0)
      head=pf=pb;
    else pf->next=pb;
      pb->next=NULL;
```

```
    pf=pb;
  }
  return(head);
}
struct student *bubblesort(struct student *h)
{
  struct student *v,*u,*p;
  v=(struct student *)malloc(sizeof(LEN));
  v->next=h;
  h=v;
  while(v->next!=NULL)                        /*选择法*/
  {
    for(p=v,u=v->next;u->next!=NULL;u=u->next)
      if(u->next->total>p->next->total)
        p=u;                                  /*找到最大的*/
      if(p!=v)
      {
        u=p->next;
        p->next=u->next;
        u->next=v->next;
        v->next=u;
      }
      v=v->next;
  }
  return h->next;
}
void print(struct student *head)
{
  printf("\nst_NO\tst_Name\tst_Score1\tst_Score2\tst_Score3\tst_Total\n");
  while(head!=NULL)
  {
    printf("%ld\t%s\t%f\t%f\t%f\t%f\n",head->num,head->name,
    head->score[0],head->score[1],head->score[2],head->total);
    head=head->next;
  }
}
int main()
{
  struct student *head;
  int n;
  printf("Input number of students: ");
  scanf("%d",&n);                             /*输入所建链表的结点数*/
  getchar();
  head=creat(n);                              /*调用creat()建立链表并把头指针返回给head*/
  head=bubblesort(head);
  print(head);                                /*调用print()输出链表*/
  return 0;
}
```

习题 9　文件 参考答案

一、选择题

1. A　2. D　3. D　4. A　5. D　6. C　7. B　8. C　9. B　10. C　11. A
12. B　13. B　14. A　15. C

二、程序分析题

1．20 30

2．hello,

3．AAAABBBBCCCC

4．k=123,n=0

5．3

三、编程题

1．参考程序

```
#include <stdio.h>
#include <stdlib.h>
#include <conio.h>
int main()
{
  FILE *fp1,*fp2;
  char ch;
  if((fp1=fopen("file1.dat","r"))==NULL)
  {
    printf("\nCannot open file!\n");
    getch();
    exit(1);
  }
  if((fp2=fopen("file2.dat","w"))==NULL)
  {
    printf("\nCannot open file!\n");
    getch();
    exit(1);
  }
  while((ch=fgetc(fp1))!=EOF)
  {
    if(ch>='a'&&ch<='z')  ch-=32;
    fputc(ch,fp2);
  }
  fclose(fp1);
  fclose(fp2);
  return 0;
}
```

2．参考程序

```
#include <stdio.h>
#include <stdlib.h>
#include <conio.h>
int main()
{
  FILE *fp1,*fp2;
  char ch;
  if((fp1=fopen("file1.txt","r"))==NULL)
  {
    printf("\nCannot open file!\n");
    getch();
    exit(1);
  }
  if((fp2=fopen("file2.txt","w"))==NULL)
  {
    printf("\nCannot open file!\n");
```

```
    getch();
    exit(1);
  }
  while((ch=fgetc(fp1))!=EOF)
  {
    fputc(ch,fp2);
    if(ch=='.')  fputc('\n',fp2);
  }
  fclose(fp1);
  fclose(fp2);
  return 0;
}
```

3. 参考程序

```
#include <stdio.h>
#include <stdlib.h>
#include <conio.h>
int main()
{
  FILE *fp;
  char ch;
  int x1=0,x2=0,x3=0;
  if((fp=fopen("file.txt","r"))==NULL)
  {
    printf("\nCannot open file!\n");
    getch();
    exit(1);
  }
  while((ch=fgetc(fp))!=EOF)
  {
    if((ch>='A'&&ch<='Z')||(ch>='a'&&ch<='z'))  x1++;
    if(ch>='1'&&ch<='9')  x2++;
    if(ch==' '||ch=='\t'||ch=='\n')  x3++;
  }
  fclose(fp);
  printf("File.txt contains %d letters,%d numbers and %dblanks!\n",x1,x2,x3);
  return 0;
}
```

4. 分析

先将文件 f1.txt 和 f2.txt 的字符读到一个字符数组中，然后对字符数组存放的字符进行排序，最后将字符数组中的字符输出到文件 f3.txt 中。

参考程序：

```
#include <stdio.h>
#include <stdlib.h>
#include <conio.h>
int main()
{
  FILE *fp;
  char ch[200],c;
  int i=0,j,n;
  if((fp=fopen("f1.txt","r"))==NULL)
  {
    printf("\nCannot open file!\n");
    getch();
```

```
    exit(1);
  }
  while((c=fgetc(fp))!=EOF)
    ch[i++]=c;
  fclose(fp);
  if((fp=fopen("f2.txt","r"))==NULL)
  {
    printf("\nCannot open file!\n");
    getch();
    exit(1);
  }
  while((c=fgetc(fp))!=EOF)
    ch[i++]=c;
  fclose(fp);
  n=i;
  for(i=1;i<n;i++)
    for(j=0;j<n-i;j++)
      if(ch[j]>ch[j+1])
      {
        c=ch[j];
        ch[j]=ch[j+1];
        ch[j+1]=c;
      }
  if((fp=fopen("f3.txt","w"))==NULL)
  {
    printf("\nCannot open file!\n");
    getch();
    exit(1);
  }
  for(i=0;i<n;i++)
    fputc(ch[i],fp);
  fclose(fp);
  return 0;
}
```

5. 分析

如果在一个“空白字符”（包括空格、换行和制表符）或标点符号（常用的有英文句号、逗号、问号和感叹号）后出现一个非空白字符，就说明出现了一个单词。设两个变量 count 和 white，count 用来记录单词的个数，初值为 0；white 值为 0，代表当前位置上是非空白字符，即使下一个读入的是非空白字符，也只能说明它属于同一个单词内的字符；white 值为非 0，代表当前位置上是空白字符或标点符号，如果下一个字符为非空白字符就表示“新单词开始”。white 的初值置为 1，以便能正确统计第 1 个单词（认为第 1 个非空白字符在空白字符或标点符号之后），循环读入字符，若读入的不是空白字符或标点符号，而 white 为非 0 值，就使 count 加 1，white 置为 0。

参考程序：

```
#include <stdio.h>
#include <stdlib.h>
#include <conio.h>
int main()
{
  FILE *fp;
  char ch;
  int white=1,count=0;
```

```
  if((fp=fopen("file.txt","r"))==NULL)
  {
    printf("\nCannot open file!\n");
    getch();
    exit(1);
  }
  while((ch=fgetc(fp))!=EOF)
    switch(ch)
    {
      case ' ':
      case '\t':
      case '\n':
      case '.':
      case ',':
      case '?':
      case '!':white++;break;
      default:if(white)
                {
                  white=0;
                  count++;
                }
    }
  fclose(fp);
  printf("File.txt contains %d words!\n",count);
  return 0;
}
```

习题 10 面向对象程序设计 参考答案

一、选择题

1. C 2. A 3. B 4. D 5. B 6. A 7. D 8. D 9. A 10. A

二、程序分析题

1. 参考答案

```
the max of (x,y) is:5
the max of (x,y) is:5.6
```

2. 参考答案

第 8 行，void 去掉。

第 19 行，声明对象错，应为 person zh("aa",45,'m')。

第 21 行，zh.age 错，不应访问私有成员。

三、编程题

1. 参考程序

```
#include <iostream.h>
#include <string.h>
class DOG
{
   int Age;
   double Weight;
   char Color[10];
   public:
   void Set(int a,double w,char * c)
```

```
    {
      Age=a;
      Weight=w;
      strcpy(Color,c);
    }
    void Disp()
    {
      cout<<"年龄:"<< Age <<"\n体重:"<<Weight<<"\n颜色:"<<Color<<endl;
    }
};
```

2. 参考程序

```
#include <iostream.h>
#include <string.h>
class Person
{
    char Id[21];
    char Name[20];
    char Sex;
    public:
    Person(char *i="",char *n="",char s='')
    {
      strcpy(Id,i);
      strcpy(Name,n);
      Sex=s;
    }
    Person(Person &p)
    {
      strcpy(Id,p.Id);
      strcpy(Name,p.Name);
      Sex=p.Sex;
    }
    ~Person()
    {cout<<"DELETING!!"<<endl;}
    void Input()
    {
      cout<<"请输入身份证号,姓名,性别!"<<endl;
      cin>>Id>>Name;
      getchar();
      cin>>Sex;
    }
    void Disp()
    {
      cout<<"身份证号:"<<Id<<"姓名:"<<Name<<"性别:"<<Sex<<endl;
    }
};
```

第5章 综合练习

综合练习1

一、选择题

1. 算法具有5个特性，以下选项中不属于算法特性的是（　　）。

   A．有穷性　　B．简洁性　　C．可行性　　D．确定性

2. 以下选项中可作为C语言合法常量的是（　　）。

   A．-80.　　B．-080　　C．-8e1.0　　D．-80.0e

3. 以下叙述中正确的是（　　）。

   A．用C语言实现的算法必须要有输入和输出操作

   B．用C语言实现的算法可以没有输出但必须要有输入

   C．用C程序实现的算法可以没有输入但必须要有输出

   D．用C程序实现的算法可以既没有输入也没有输出

4. 以下不能定义为用户标识符的是（　　）。

   A．Main　　B．_0　　C．_int　　D．sizeof

5. 以下选项中，不能作为合法常量的是（　　）。

   A．1.234e04　　B．1.234e0.4　　C．1.234e+4　　D．1.234e0

6. 数字字符0的ASCII码为48，以下程序运行后的输出结果是（　　）。

```
main()
{
  char a='1',b='2';
  printf("%c,",b++);
  printf("%d\n",b-a);
}
```

   A．3,2　　B．50,2　　C．2,2　　D．2,50

7. 以下程序运行后的输出结果是（　　）。

```
main()
{
  int m=12,n=34;
  printf("%d%d",m++,++n);
  printf("%d%d\n",n++,++m);
}
```

   A．12353514　　B．12353513　　C．12343514　　D．12343513

8．有以下语句：int b;char c[10];，则正确的输入语句是（　　）。

A．scanf("%d%s",&b,&c);　　B．scanf("%d%s",&b, c);

C．scanf("%d%s",b, c);　　D．scanf("%d%s",b,&c);

9．有以下程序，若想从键盘上输入数据，使变量 m 中的值为 123，n 中的值为 456，p 中的值为 789，则正确的输入是（　　）。

```
main()
{
  int m,n,p;
  scanf("m=%dn=%dp=%d",&m,&n,&p);
  printf("%d%d%d\n",m,n,p);
}
```

A．m=123n=456p=789　　B．m=123 n=456 p=789

C．m=123,n=456,p=789　　D．123 456 789

10．以下程序运行后的输出结果是（　　）。

```
main()
{
  int a,b,d=25;
  a=d/10%9;
  b=a&&(-1);
  printf("%d,%d\n",a,b);
}
```

A．6,1　　B．2,1　　C．6,0　　D．2,0

11．以下程序运行后的输出结果是（　　）。

```
main()
{
  int i=1,j=2,k=3;
  if(i++==1&&(++j==3||k++==3))
    printf("%d %d %d\n",i,j,k);
}
```

A．1 2 3　　B．2 3 4　　C．2 2 3　　D．2 3 3

12．若整型变量 a、b、c、d 中的值依次为：1、4、3、2，则表达式 a++,a+b,c=c+d,d++的值为（　　）。

A．1　　B．2　　C．3　　D．4

13．以下程序运行后的输出结果是（　　）。

```
main()
{
  int p[8]={11,12,13,14,15,16,17,18},i=0,j=0;
  while(i++<7)
   if(p[i]%2)
     j+=p[i];
  printf("%d\n",j);
}
```

A．42　　B．45　　C．56　　D．60

14．以下程序运行后的输出结果是（　　）。

```
main()
{
  char a[7]="a0\0a0\0";
  int i,j;
  i=sizeof(a);
```

```
  j=strlen(a);
  printf("%d %d\n",i,j);
}
```

A．2 2　　B．7 6　　C．7 2　　D．6 2

15．以下能正确定义一维数组的选项是（　　）。

A．int a[5]={0,1,2,3,4,5};　　B．char a[]={0,1,2,3,4,5};

C．char a={'A','B','C'};　　D．int a[5]="0123";

16．以下程序运行后的输出结果是（　　）。

```
int f1(int x,int y){return x>y?x:y;}
int f2(int x,int y){return x>y?y:x;}
main()
{
  int a=4,b=3,c=5,d=2,e,f,g;
  e=f2(f1(a,b),f1(c,d));
  f=f1(f2(a,b),f2(c,d));
  g=a+b+c+d-e-f;
  printf("%d,%d,%d\n",e,f,g);
}
```

A．4,3,7　　B．3,4,7　　C．5,2,7　　D．2,5,7

17．已有定义：char a[]="xyz",b[]={'x','y','z'};，以下叙述中正确的是（　　）。

A．数组 a 和数组 b 的长度相同　　B．a 数组长度小于 b 数组长度

C．a 数组长度大于 b 数组长度　　D．上述说法都不对

18．以下程序运行后的输出结果是（　　）。

```
void f(int *x,int *y)
{
  int t;
  t=*x;*x=*y;*y=t;
}
main()
{
  int a[8]={1,2,3,4,5,6,7,8},i,*p,*q;
  p=a;q=&a[7];
  while(p<q)
    {f(p,q);p++;q--;}
  for(i=0;i<8;i++)
    printf("%d,",a[i]);
}
```

A．8,2,3,4,5,6,7,1,　　B．5,6,7,8,1,2,3,4,　　C．1,2,3,4,5,6,7,8,　　D．8,7,6,5,4,3,2,1,

19．以下程序运行后的输出结果是（　　）。

```
main()
{
  int a[3][3],*p,i;
  p=&a[0][0];
  for(i=0;i<9;i++)
    p[i]=i;
  for(i=0;i<3;i++)
    printf("%d",a[1][i]);
}
```

A．012　　B．123　　C．234　　D．345

20. 以下叙述中错误的是（　　）。

A. 对于 double 类型数组，不可以直接用数组名对数组进行整体输入或输出

B. 数组名代表的是数组所占存储区的首地址，其值不可改变

C. 当程序执行中数组元素的下标超出所定义的下标范围时，系统将给出“下标越界”的出错信息

D. 可以通过赋初值的方式确定数组元素的个数

21. 以下程序运行后的输出结果是（　　）。

```
#define N 20
fun(int a[],int n,int m)
{
  int i,j;
  for(i=m;i>=n;i--)
    a[i+1]=a[i];
}
main()
{
  int i,a[N]={1,2,3,4,5,6,7,8,9,10};
  fun(a,2,9);
  for(i=0;i<5;i++)
    printf("%d",a[i]);
}
```

A. 10234　　B. 12344　　C. 12334　　D. 12234

22. 有以下程序，若运行时输入：1 2 3<回车>，则输出结果是（　　）。

```
main()
{
  int a[3][2]={0},(*ptr)[2],i,j;
  for(i=0;i<2;i++)
  { ptr=a+i;scanf("%d",ptr);ptr++;}
  for(i=0;i<3;i++)
  {
    for(j=0;j<2;j++)
      printf("%2d",a[i][j]);
    printf("\n");
  }
}
```

A. 产生错误信息　　B. 1 0
2 0
0 0　　C. 1 2
3 0
0 0　　D. 1 0
2 0
3 0

23. 以下程序运行后的输出结果是（　　）。

```
prt(int *m,int n)
{
  int i;
  for(i=0;i<n;i++)
    m[i]+=1;
}
main()
{
  int a[]={1,2,3,4,5},i;
  prt(a,5);
  for(i=0;i<5;i++)
    printf("%d,",a[i]);
```

```
}
```

A．1,2,3,4,5,　　B．2,3,4,5,6,　　C．3,4,5,6,7,　　D．2,3,4,5,1,

24．以下程序运行后的输出结果是（　　）。

```
main()
{
  int a[]={1,2,3,4,5,6,7,8,9,0},*p;
  for(p=a;p<a+10;p++)
    printf("%d,",*p);
}
```

A．1,2,3,4,5,6,7,8,9,0,　　B．2,3,4,5,6,7,8,9,10,1,

C．0,1,2,3,4,5,6,7,8,9,　　D．1,1,1,1,1,1,1,1,1,1,

25．以下程序运行后的输出结果是（　　）。

```
#define P 3
void f(int x)
{ return(P*x*x);}
main()
{ printf("%d\n",f(3+5));}
```

A．192　　B．29　　C．25　　D．编译出错

26．以下程序运行后的输出结果是（　　）。

```
main()
{
  int c=35;
  printf("%d\n",c&c);
}
```

A．0　　B．70　　C．35　　D．1

27．以下叙述中正确的是（　　）。

A．预处理命令行必须位于源文件的开头　　B．在源文件的一行上可以有多条预处理命令

C．宏名必须用大写字母表示　　D．宏替换不占用程序的运行时间

28．若有以下说明和定义：

```
union dt
{ int a;char b;double c;}data;
```

以下叙述中错误的是（　　）。

A．data 的每个成员起始地址都相同

B．变量 data 所占的内存字节数与成员 c 所占字节数相等

C．程序段“data.a=5;printf("%f\n",data.c);”的输出结果为 5.000000

D．data 可以作为函数的实参

29．以下语句或语句组中，能正确进行字符串赋值的是（　　）。

A．char *sp;*sp="right!";　　B．char s[10];s="right!";

C．char s[10];*s="right!";　　D．char *sp="right!";

30．设有如下说明：

```
typedef struct ST
{long a;int b;char c[2];}NEW;
```

则下面叙述中正确的是（　　）。

A．以上的说明形式非法　　B．ST 是一个结构体类型

C．NEW 是一个结构体类型　　D．NEW 是一个结构体变量

31. 以下程序运行后的输出结果是（　　）。

```
main()
{
  int a=1,b;
  for(b=1;b<=10;b++)
  {
    if(a>=8)break;
    if(a%2==1){a+=5;continue;}
    a-=3;
  }
  printf("%d\n",b);
}
```

A. 3　　B. 4　　C. 5　　D. 6

32. 以下程序运行后的输出结果是（　　）。

```
main()
{
  char s[]="159",*p;
  p=s;
  printf("%c",*p++);
  printf("%c",*p++);
}
```

A. 15　　B. 16　　C. 12　　D. 59

33. 有以下函数：

```
fun(char *a,char *b)
{
  while((*a!='\0')&&(*b!='\0')&&(*a==*b))
  { a++;b++;}
  return(*a-*b);
}
```

该函数的功能是（　　）。

A. 计算 a 和 b 所指字符串的长度之差

B. 将 b 所指字符串连接到 a 所指字符串中

C. 将 b 所指字符串连接到 a 所指字符串后面

D. 比较 a 和 b 所指字符串的大小

34. 有以下程序：

```
main()
{
  int num[4][4]={{1,2,3,4},{5,6,7,8},{9,10,11,12},{13,14,15,16}},i,j;
  for(i=0;i<4;i++)
  {
    for(j=0;j<=4*i;j++)
      printf("%c",' ');
    for(j=_______;j<4;j++)
      printf("%4d",num[i][j]);
    printf("\n");
  }
}
```

若要按以下形式输出数组右上半三角：

```
 1  2  3  4
    6  7  8
      11 12
         16
```

则在程序下画线处应填入的是（　　）。

A. i-1　　B. i　　C. i+1　　D. 4-i

35. 以下程序运行后的输出结果是（　　）。

```
point(char *p)
{ p+=3;}
main()
{
  char b[4]={'a','b','c','d'},*p=b;
  point(p);
  printf("%c\n",*p);
}
```

A. a　　B. b　　C. c　　D. d

36. 程序中若有如下说明和定义语句：

```
char fun(char *);
main()
{
  char *s="one",a[5]={0},(*f1)()=fun,ch;
  …
}
```

以下选项中对函数 fun()的正确调用语句是（　　）。

A. (*f1)(a);　　B. *f1(*s);　　C. fun(&a);　　D. ch=*f1(s);

37. 有以下结构体说明和变量定义：

```
struct node
{ int data;struct node *next;}*p,*q,*r;
```

如图 5-1 所示，指针 p、q、r 分别指向此链表中的 3 个连续结点。

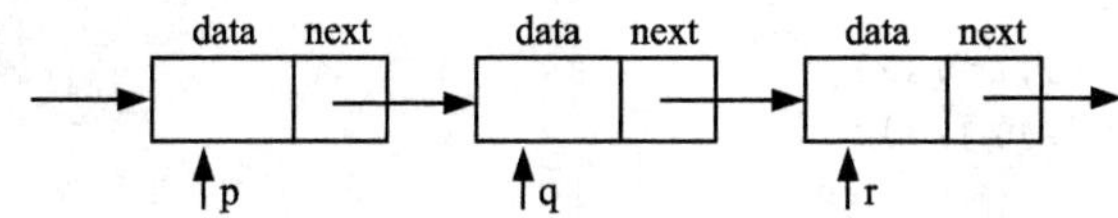

图 5-1　链表示意图

现要将 q 所指结点从链表中删除，同时要保持链表的连续，以下不能完成指定操作的语句是（　　）。

A. p->next=q->next;　　B. p->next=p->next->next;

C. p->next=r;　　D. p=q->next;

38. 以下对结构体类型变量 td 的定义中，错误的是（　　）。

A.
```
typedef struct aa
{
  int n;
  float m;
}AA;
AA td;
```

B.
```
struct aa
{
  int n;
  float m;
}td;
struct aa td;
```

C. struct
    {
      int n;
      float m;
    }aa;
    struct aa td;

D. struct
    {
      int n;
      float m;
    }td;

39. 以下与函数 fseek(fp,0L,SEEK_SET)有相同作用的是（　　）。

A. feof(fp)　　B. ftell(fp)　　C. fgetc(fp)　　D. rewind(fp)

40. 有以下程序：

```
#include "stdio.h"
void writestr(char *fn,char *str)
{
  FILE *fp;
  fp=fopen(fn,"w");
  fputs(str,fp);
  fclose(fp);
}
main()
{
  writestr("t1.dat","start");
  writestr("t1.dat","end");
}
```

程序运行后，文件 t1.dat 中的内容是（　　）。

A. start　　B. end　　C. startend　　D. endrt

二、填空题

1. 以下程序运行时若从键盘输入：10 20 30<回车>。输出结果是__【1】__。

```
#include <stdio.h>
main()
{
  int i=0,j=0,k=0;
  scanf("%d%*d%d",&i,&j,&k);
  printf("%d%d%d\n",i,j,k);
}
```

2. 以下程序运行后的输出结果是__【2】__。

```
#define S(x) 4*x*x+1
main()
{
  int i=6,j=8;
  printf("%d\n",S(i+j));
}
```

3. 以下程序运行后的输出结果是__【3】__。

```
main()
{
  int a,b,c;
  a=10;b=20;
  c=(a%b<1)||(a/b>1);
  printf("%d %d %d\n",a,b,c);
}
```

4. 以下程序运行后的输出结果是＿【4】＿。

```
main()
{
  char c1,c2;
  for(c1='0',c2='9';c1<c2;c1++,c2--)
    printf("%c%c",c1,c2);
  printf("\n");
}
```

5. 已知字符 A 的 ASCII 码为 65，以下程序运行时若从键盘输入：B33<回车>，则输出结果是＿【5】＿。

```
#include <stdio.h>
main()
{
  char a,b;
  a=getchar();
  scanf("%d",&b);
  a=a-'A'+'0';
  b=b*2;
  printf("%c%c\n",a,b);
}
```

6. 以下程序中，fun 函数的功能是求 3 行 4 列二维数组每行元素中的最大值。请填空。

```
void fun(int,int,int(*)[4],int *);
main()
{
  int a[3][4]={{12,41,36,28},{19,33,15,27},{3,27,19,1}},b[3],i;
  fun(3,4,a,b);
  for(i=0;i<3;i++)
    printf("%4d",b[i]);
  printf("\n");
}
void fun(int m,int n,int ar[][4],int *bar)
{
  int i,j,x;
  for(i=0;i<m;i++)
  {
    x=ar[i][0];
    for(j=0;j<n;j++)
      if(x<ar[i][j])
        x=ar[i][j];
    ＿【6】＿=x;
  }
}
```

7. 以下程序运行后的输出结果是＿【7】＿。

```
void swap(int x,int y)
{
  int t;
  t=x;x=y;y=t;
  printf("%d %d ",x,y);
}
main()
{
  int a=3,b=4;
  swap(a,b);
  printf("%d %d\n",a,b);
}
```

8．以下程序运行后的输出结果是__【8】__。

```
#include <string.h>
main()
{
  char ch[]="abc",x[3][4];int i;
  for(i=0;i<3;i++)
    strcpy(x[i],ch);
  for(i=0;i<3;i++)
    printf("%s",&x[i][i]);
  printf("\n");
}
```

9．以下程序运行后的输出结果是__【9】__。

```
fun(int a)
{
  int b=0;
  static int c=3;
  b++;
  c++;
  return(a+b+c);
}
main()
{
  int i,a=5;
  for(i=0;i<3;i++)
    printf("%d %d ",i,fun(a));
  printf("\n");
}
```

10．以下程序运行后的输出结果是__【10】__。

```
struct NODE
{
  int k;
  struct NODE *link;
};
main()
{
  struct NODE m[5],*p=m,*q=m+4;
  int i=0;
  while(p!=q)
  {
    p->k=++i;
    p++;
    q->k=i++;
    q--;
  }
  q->k=i;
  for(i=0;i<5;i++)
    printf("%d",m[i].k);
  printf("\n");
}
```

11．以下程序中函数 huiwen()的功能是检查一个字符串是否是回文，当字符串是回文时，函数返回字符串：yes!，否则函数返回字符串：no!，并在主函数中输出。所谓回文，即正向与反向的拼写都一样，例如：adgda，请填空。

```
#include <string.h>
char *huiwen(char *str)
{
  char *p1,*p2;
  int i,t=0;
  p1=str;
  p2=__【11】__;
  for(i=0;i<=strlen(str)/2;i++)
    if(*p1++!=*p2--)
    { t=1;break;}
  if(__【12】__)  return("yes!");
  else  return("no!");
}
main()
{
  char str[50];
  printf("Input:");
  scanf("%s",str);
  printf("%s\n",__【13】__);
}
```

综合练习 2

一、选择题

1. 用 C 语言编写的代码程序（　　）。

   A．可立即执行　　B．是一个源程序

   C．经过编译即可执行　　D．经过编译解释才能执行

2. 结构化程序由 3 种基本结构组成，3 种基本结构组成的算法（　　）。

   A．可以完成任何复杂的任务　　B．只能完成部分复杂的任务

   C．只能完成符合结构化的任务　　D．只能完成一些简单的任务

3. 以下定义语句中正确的是（　　）。

   A．char a='A'b='B';　　B．float a=b=10.0;

   C．int a=10,*b=&a;　　D．float *a,b=&a;

4. 下列选项中，不能用作标识符的是（　　）。

   A．_1234_　　B．_1_2　　C．int_2_　　D．2_int_

5. 有以下定义语句：

```
double a,b;
int w;
long c;
```

   若各变量已正确赋值，则下列选项中正确的表达式是（　　）。

   A．a=a+b=b++　　B．w%(int)a+b　　C．(c+w)%(int)a　　D．w=a==b

6. 以下程序运行后的输出结果是（　　）。

```
main()
{
  int m=3,n=4,x;
  x=-m++;
  x=x+8/++n;
  printf("%d\n",x);
}
```

A．3　　B．5　　C．-1　　D．-2

7．以下程序运行后的输出结果是（　　）。

```
main()
{
  char a='a',b;
  printf("%c,",++a);
  printf("%c\n",b=a++);
}
```

A．b,b　　B．b,c　　C．a,b　　D．a,c

8．以下程序运行后的输出结果是（　　）。

```
main()
{
  int m=0256,n=256;
  printf("%o %o\n",m,n);
}
```

A．0256 0400　　B．0256 256　　C．256 400　　D．400 400

9．以下程序运行后的输出结果是（　　）。

```
main()
{
 int a=666,b=888;
 printf("%d\n",a,b);
}
```

A．错误信息　　B．666　　C．888　　D．666,888

10．以下程序运行后的输出结果是（　　）。

```
main()
{
  int i;
  for(i=0;i<3;i++)
  switch(i)
  {
    case 0:printf("%d",i);
    case 2:printf("%d",i);
    default:printf("%d",i);
  }
}
```

A．022111　　B．021021　　C．000122　　D．012

11．若x和y代表整型数，以下表达式中不能正确表示数学关系|x-y|<10的是（　　）。

A．abs(x-y)<10　　B．x-y>-10&&x-y<10

C．!(x-y)<-10||!(y-x)>10　　D．(x-y)*(x-y)<100

12．以下程序运行后的输出结果是（　　）。

```
main()
{
  int a=3,b=4,c=5,d=2;
  if(a>b)
    if(b>c)
      printf("%d",d+++1);
    else
      printf("%d",++d+1);
  printf("%d\n",d);
}
```

A．2　　B．3　　C．43　　D．44

13. 下列条件语句中，功能与其他语句不同的是（　　）。

A. if(a)　printf("%d\n",x); else printf("%d\n",y);

B. if(a==0)　printf("%d\n",y);else printf("%d\n",x);

C. if (a!=0)　printf("%d\n",x);else printf("%d\n",y);

D. if(a==0)　printf("%d\n",x);else printf("%d\n",y);

14. 以下程序运行后的输出结果是（　　）。

```
main()
{
  int i=0,x=0,s;
  for(;;)
  {
    if(i==3||i==5)  continue;
    if(i==6)  break;
    i++;
    s+=i;
  };
  printf("%d\n",s);
}
```

A. 10　　B. 13　　C. 21　　D. 程序进入死循环

15. 若变量已正确定义，要求程序段完成求 5!的计算，不能完成此操作的程序段是（　　）。

A. for(i=1,p=1;i<=5;i++)　p*=i;

B. for(i=1;i<=5;i++){ p=1; p*=i;}

C. i=1;p=1;while(i<=5){p*=i; i++;}

D. i=1;p=1;do{p*=i; i++;}while(i<=5);

16. 有以下程序，若运行时从键盘上输入：6,5,65,66<回车>，则输出结果是（　　）。

```
main()
{
  char a,b,c,d;
  scanf("%c,%c,%d,%d",&a,&b,&c,&d);
  printf("%c,%c,%c,%c\n",a,b,c,d);
}
```

A. 6,5,A,B　　B. 6,5,65,66　　C. 6,5,6,5　　D. 6,5,6,6

17. 以下能正确定义二维数组的是（　　）。

A. int a[][3];

B. int a[][3]=2{2*3};

C. int a[][3]={};

D. int a[2][3]={{1},{2},{3,4}};

18. 以下程序运行后的输出结果是（　　）。

```
int f(int a)
{ return a%2; }
main()
{
  int s[8]={1,3,5,2,4,6},i,d=0;
  for(i=0;f(s[i]);i++) d+=s[i];
  printf("%d\n",d);
}
```

A. 9　　B. 11　　C. 19　　D. 21

19. 若有以下说明和语句：int c[4][5],(*p)[5];p=c;，能正确引用 c 数组元素的是（　　）。

A. p+1　　B. *(p+3)　　C. *(p+1)+3　　D. *(p[0]+2))

20. 以下程序运行后的输出结果是（　　）。

```
main()
{
```

```
  int a=7,b=8,*p,*q,*r;
  p=&a;q=&b;
  r=p;p=q;q=r;
  printf("%d,%d,%d,%d\n",*p,*q,a,b);
}
```

A. 8,7,8,7　　B. 7,8,7,8　　C. 8,7,7,8　　D. 7,8,8,7

21. s1 和 s2 已正确定义并分别指向两个字符串。若要求：当 s1 所指串大于 s2 所指串时，执行语句 S；则以下选项中正确的是（　　）。

A. if(s1>s2) S;　　B. if(strcmp(s1,s2)) S;

C. if(strcmp(s2,s1)>0) S;　　D. if(strcmp(s1,s2)>0) S;

22. 设有以下定义和语句：

```
int x[6]={2,4,6,8,5,7},*p=x,i;
```

要求依次输出 x 数组 6 个元素中的值，不能完成此操作的语句是（　　）。

A. for(i=0;i<6;i++) printf("%2d",*(p++));　　B. for(i=0;i<6;i++) printf("%2d",*(p+i));

C. for(i=0;i<6;i++) printf("%2d",*p++);　　D. for(i=0;i<6;i++) printf("%2d",(*p)++);

23. 以下程序运行后的输出结果是（　　）。

```
#include <stdio.h>
main()
{
  int a[]={1,2,3,4,5,6,7,8,9,10,11,12},*p=a+5,*q=NULL;
  *q=*(p+5);
  printf("%d %d\n",*p,*q);
}
```

A. 运行后报错　　B. 6 6　　C. 6 11　　D. 5 10

24. 有以下定义和语句：

```
int a[3][2]={1,2,3,4,5,6},*p[3];
p[0]=a[1];
```

则*(p[0]+1)所代表的数组元素是（　　）。

A. a[0][1]　　B. a[1][0]　　C. a[1][1]　　D. a[1][2]

25. 以下程序运行后的输出结果是（　　）。

```
main()
{
  char str[][10]={"China","Beijing"},*p=str;
  printf("%s\n",p+10);
}
```

A. China　　B. Beijing　　C. ng　　D. ing

26. 以下程序运行后的输出结果是（　　）。

```
main()
{
  char s[]="ABCD",*p;
  for(p=s+1;p<s+4;p++)
    printf("%s\n",p);
}
```

A.	B.	C.	D.
ABCD	A	B	BCD
BCD	B	C	CD
CD	C	D	D
D	D		

27. 在函数调用过程中，如果函数 funA()调用了函数 funB()，函数 funB()又调用了函数 funA()，则(　　)。

A．称为函数的直接递归调用　　B．称为函数的间接递归调用

C．称为函数的循环调用　　D．C 语言中不允许这样的递归调用

28．已有定义：int i,a[10],*p;，则合法的赋值语句是（　　）。

A．p=100;　　B．p=a[5];　　C．p=a[2]+2;　　D．p=a+2;

29．以下叙述中正确的是（　　）。

A．局部变量说明为 static 存储类，其生存期将得到延长

B．全局变量说明为 static 存储类，其作用域将被扩大

C．任何存储类的变量在未赋初值时，其值都是不确定的

D．形参可以使用的存储类说明符与局部变量完全相同

30．设有定义语句：char c1=92,c2=92;，则以下表达式中值为 0 的是（　　）。

A．c1^c2　　B．c1&c2　　C．~c2　　D．c1|c2

31．程序中对 fun()函数有如下说明：

```
void *fun();
```

此说明的含义是（　　）。

A．fun()函数无返回值　　B．fun()函数的返回值可以是任意的数据类型

C．fun()函数的返回值是无值型的指针类型　　D．指针 fun 指向一个函数，该函数无返回值

32．以下程序运行后的输出结果是（　　）。

```
main()
{
  char s[]="Yes\n/No",*ps=s;
  puts(ps+4);
  *(ps+4)=0;
  puts(s);
}
```

A．n/No
Yes
/No　　B．/No
Yes　　C．n/No
Yes
/No　　D．
/No
Yes

33．以下程序运行后的输出结果是（　　）。

```
main()
{
  unsigned int a;
  int b=-1;
  a=b;
  printf("%u",a);
}
```

A．-1　　B．65535　　C．32767　　D．-32768

34．以下程序运行后的输出结果是（　　）。

```
void fun(int *a,int i,int j)
{
  int t;
  if(i<j)
  {
    t=a[i];a[i]=a[j];a[j]=t;
    i++;j--;
    fun(a,i,j);
```

```
    }
}
main()
{
  int x[]={2,6,1,8},i;
  fun(x,0,3);
  for(i=0;i<4;i++)
    printf("%2d",x[i]);
  printf("\n");
}
```

A. 1 2 6 8　　B. 8 6 2 1　　C. 8 1 6 2　　D. 8 6 1 2

35. 有以下定义和语句：

```
struct student
{ int age; char num[8];};
struct student stu[3]={{20,"200401"},{21,"200402"},{10\9,"200403"}};
struct student *p=stu;
```

以下选项中引用结构体变量成员的表达式错误的是（　　）。

A. (p++)->num　　B. p->num

C. (*p).num　　D. stu[3].age

36. 以下程序运行后的输出结果是（　　）。

```
main()
{
  int x[]={1,3,5,7,2,4,6,0},i,j,k;
  for(i=0;i<3;i++)
    for(j=2;j>=i;j--)
      if(x[j+1]>x[j]){ k=x[j];x[j]=x[j+1];x[j+1]=k;}
  for(i=0;i<3;i++)
    for(j=4;j<7-i;j++)
      if(x[j+1]>x[j]){ k=x[j];x[j]=x[j+1];x[j+1]=k;}
  for(i=0;i<3;i++)
    for(j=4;j<7-i;j++)
      if(x[j]>x[j+1]){ k=x[j];x[j]=x[j+1];x[j+1]=k;}
  for(i=0;i<8;i++) printf("%d",x[i]);
  printf("\n");
}
```

A. 75310246　　B. 01234567

C. 76310462　　D. 13570246

37. 有如下程序：

```
#include <stdio.h>
main()
{
  FILE *fp1;
  fp1=fopen("f1.txt","w");
  fprintf(fp1,"abc");
  fclose(fp1);
}
```

若文本文件 f1.txt 中原有内容为 good，则运行以上程序后文件 f1.txt 中的内容为（　　）。

A. goodabc　　B. abcd　　C. abc　　D. abcgood

38～40. 以下程序的功能是：建立一个带有头结点的单向链表，并将存储在数组中的字符依次转储到链表的各个结点中，从与下画线处号码对应的一组选项中选择出正确的选项。

```
#include <stdlib.h>
stuct node
{ char data; struct node *next;};
___38___CreatList(char *s)
{
  struct node *h,*p,*q);
  h=(struct node *) malloc(sizeof(struct node));
  p=q=h;
  while(*s!='\0')
   {
    p=(struct node *) malloc(sizeof(struct node));
    p->data=___39___;
    q->next=p;
    q=___40___;
    s++;
   }
  p->next='\0';
  return h;
}
main()
{
  char str[]="link list";
  struct node *head;
  head=CreatList(str);
  …
}
```

38. A. char * B. struct node C. struct node* D. char

39. A. *s B. s C. *s++ D. (*s)++

40. A. p->next B. p C. s D. s->next

二、填空题

1. 以下程序段的输出结果是＿【1】＿。

```
int i=9;
printf("%o\n",i);
```

2. 以下程序运行后的输出结果是＿【2】＿。

```
main()
{
  int a,b,c;
  a=25;
  b=025;
  c=0x25;
  printf("%d %d %d\n",a,b,c);
}
```

3. 以下程序运行后的输出结果是＿【3】＿。

```
main()
{
  int p[7]={11,13,14,15,16,17,18};
  int i=0,j=0;
  while(i<7 && p[i]%2==1)
    j+=p[i++];
  printf("%d\n",j);
}
```

4. 以下程序运行后的输出结果是__【4】__。

```
main()
{
  int x=1,y=0,a=0,b=0;
  switch(x)
  {
    case 1:switch(y)
         {
           case 0:a++; break;
           case 1:b++; break;
         }
    case 2:a++;b++; break;
  }
  printf("%d %d\n",a,b);
 }
```

5. 以下程序运行后的输出结果是__【5】__。

```
main()
{
  int a[4][4]={{1,2,3,4},{5,6,7,8},{11,12,13,14},{15,16,17,18}};
  int i=0,j=0,s=0;
  while(i++<4)
  {
    if(i==2||i==4) continue;
    j=0;
    do{ s+=a[i][j];j++; } while(j<4);
  }
  printf("%d\n",s);
}
```

6. 以下程序运行后的输出结果是__【6】__。

```
main ()
{
  char a[]="Language",b[]="Programe";
  char *p1,*p2;
  int k;
  p1=a; p2=b;
  for(k=0;k<=7;k++)
    if(*(p1+k)==*(p2+k))
      printf("%c",*(p1+k));
}
```

7. 以下程序运行后的输出结果是__【7】__。

```
main()
{
  char a[]="123456789",*p;
  int i=0;
  p=a;
  while(*p)
  {
    if(i%2==0) *p='*';
    p++;i++;
  }
  puts(a);
}
```

8. 以下程序中，for 循环体执行的次数是__【8】__。

```
#define N 2
#define M N+1
#define K M+1*M/2
main()
{
  int i;
  for(i=1;i<K;i++)
  { … }
  …
}
```

9. 通过函数求 $f(x)$的累加和，其中 $f(x)=x^2+1$，请填空。

```
main()
{
  printf("The sum=%d\n",SunFun(10));
}
SunFun(int n)
{
  int x,s=0;
  for(x=0;x<=n;x++) s+=F(____【9】____);
  return s;
}
F(int x)
{ return ____【10】____;}
```

10. 以下程序从终端读入数据到数组中，统计其中正数的个数，并计算它们之和，请填空。

```
main()
{
  int i,a[20],sum,count;
  sum=count=0;
  for(i=0;i<20;i++)
    scanf("%d",____【11】____);
  for(i=0;i<20;i++)
    if(a[i]>0)  { count++;sum+=____【12】____;}
  printf("sum=%d,count=%d\n",sum,count);
}
```

11. 以下程序中，函数 sumColumMin()的功能是：求出 M 行 N 列二维数组每列元素中的最小值，并计算它们的和。和值通过形参传回主函数输出，请填空。

```
#define M 2
#define N 4
void SumColumMin(int a[M][N],int *sum)
{
  int i,j,k,s=0;
  for(i=0;i<N;i++)
  {
    k=0;
    for(j=1;j<M;j++)
      if(a[k][i]>a[j][i])  k=j;
    s+=____【13】____;
  }
  ____【14】____=s;
}
main()
{
  int x[M][N]={3,2,5,1,4,1,8,3},s;
  SumColumMin(____【15】____);
  printf("%d\n",s);
}
```

综合练习 3

一、选择题

1. 一个算法应该具有“确定性”等 5 个特性，下面对另外 4 个特性的描述中错误的是（　　）。

A. 有零个或多个输入　　B. 有零个或多个输出

C. 有穷性　　D. 可行性

2. 以下叙述中正确的是（　　）。

A. C 语言的源程序不必通过编译就可以直接运行

B. C 语言中的每条可执行语句最终都被转换成二进制的机器指令

C. C 源程序经编译形成的二进制代码可以直接运行

D. C 语言中的函数不可以单独进行编译

3. 以下符合 C 语言语法的实型常量是（　　）。

A. 1.2E0.5　　B. 3.14159E　　C. .5E-3　　D. E15

4. 以下 4 组用户定义标识符中，全部合法的一组是（　　）。

A. _main	B. If	C. txt	D. int
enclude	-max	REAL	k_2
sin	turbo	3COM	_001

5. 若以下选项中的变量已正确定义，则正确的赋值语句是（　　）。

A. x1=26.8%3　　B. 1+2=x2;　　C. x3=0x12;　　D. x4=1+2=3;

6. 设有以下定义：

```
int a=0;
double b=1.25;
char c='A';
#define d 2
```

则下面语句中错误的是（　　）。

A. a++;　　B. b++;　　C. c++;　　D. d++;

7. 设有定义：float a=2,b=4,h=3;，其中 a 为梯形的上底，b 为梯形的下底，h 为梯形的高，以下 C 语言表达式不能计算出梯形面积的是（　　）。

A. (a+b)*h/2　　B. (1/2)*(a+b)*h　　C. (a+b)*h*1/2　　D. h/2*(a+b)

8. 以下程序执行后的输出结果是（　　）。

```
main()
{
  int x=102,y=012;
  printf("%2d,%2d\n",x,y);
}
```

A. 10,01　　B. 002,12　　C. 102,10　　D. 02,10

9. 以下 4 个选项中，不能看做一条语句的是（　　）。

A. {;}　　B. a=0,b=0,c=0;　　C. if(a>0);　　D. if(b==0) m=1;n=2;

10. 设有定义：int a,*pa=&a;，以下 scanf 语句中能正确为变量 a 读入数据的是（　　）。

A. scanf("%d",pa);　　B. scanf("%d",a);　　C. scanf("%d",&pa);　　D. scanf("%d",*pa);

11. 以下程序段中与语句“k=a>b?(b>c?1:0):0;”功能等价的是（　　）。

A. `if((a>b)&&(b>c));`
   `k=1;`

B. `if((a>b)||(b>c))  k=1;`
   `else  k=0;`

C. `if(a<=b)  k=0;`
   else if(b<=c) k=1;

D. `if(a>b)  k=1;`
   else if(b>c) k=1;
   `else  k=0;`

12. 有以下程序

```
main()
{
  char k;
  int i;
  for(i=1;i<3;i++)
  {
    scanf("%c",&k);
    switch(k)
    {
      case '0':printf("another\n");
      case '1':printf("number\n");
    }
  }
}
```

程序运行时，从键盘输入：01<回车>，程序执行后的输出结果是（　　）。

A. another
   number

B. another
   number
   another

C. another
   number
   number

D. number
   number

13. 以下程序运行后的输出结果是（　　）。

```
main()
{
  int x=0,y=5,z=3;
  while(z-->0&&++x<5)
    y=y-1;
  printf("%d,%d,%d\n",x,y,z);
}
```

A. 3,2,0　　B. 3,2,-1　　C. 4,3,-1　　D. 5,-2,-5

14. 以下程序运行后的输出结果是（　　）。

```
main()
{
  int i,s=0;
  for(i=1;i<10;i+=2)
    s+=i+1;
  printf("%d\n",s);
}
```

A. 自然数 1 ~ 9 的累加和　　B. 自然数 1 ~ 10 的累加和

C. 自然数 1 ~ 9 中的奇数之和　　D. 自然数 1 ~ 10 中的偶数之和

15. 以下程序运行后的输出结果是（　　）。

```
main()
{
  int i,n=0;
```

```
  for(i=2;i<5;i++)
  {
    do
    {
      if(i%3)  continue;
      n++;
    }while(!i);
    n++;
  }
  printf("n=%d\n",n);
}
```

A．n=5　　B．n=2　　C．n=3　　D．n=4

16．若程序中定义了以下函数：

```
double myadd(double a,double b)
{ return  (a+b);}
```

并将其放在调用语句之后，则在调用之前应该对该函数进行说明，以下选项中错误的说明是（　　）。

A．double myadd(double a,b);　　B．double myadd(double,double);

C．double myadd(double a,double b);　　D．double myadd(double x,double y);

17．以下程序的执行结果是（　　）。

```
char fun(char x,char y)
{
  if(x<y)  return x;
  return y;
}
main()
{
  int a='9',b='8',c='7';
  printf("%c\n",fun(fun(a,b),fun(b,c)));
}
```

A．函数调用出错　　B．8　　C．9　　D．7

18．设有定义：int n=0,*p=&n,**q=&p;，则以下选项中，正确的赋值语句是（　　）。

A．p=1;　　B．*q=2;　　C．q=p;　　D．*p=5;

19．以下程序运行后的输出结果是（　　）。

```
void f(int v,int w)
{
  int t;
  t=v;v=w;w=t;
}
main()
{
  int x=1,y=3,z=2;
  if(x>y)  f(x,y);
  else if(y>z)  f(y,z);
  else  f(x,z);
  printf("%d,%d,%d\n",x,y,z);
}
```

A．1,2,3　　B．3,1,2　　C．1,3,2　　D．2,3,1

20. 有以下程序段：

```
int a[10]={1,2,3,4,5,6,7,8,9,10},*p=&a[3],b;
b=p[5];
```

b 中的值是（　　）。

A. 5　　B. 6　　C. 8　　D. 9

21. 以下程序运行后的输出结果是（　　）。

```
main()
{
  char a[]="abcdefg",b[10]= "abcdefg";
  printf("%d,%d\n",sizeof(a),sizeof(b));
}
```

A. 7,7　　B. 8,8　　C. 8,10　　D. 10,10

22. 以下程序的输出结果是（　　）。

```
void swap1(int c[])
{
  int t;
  t=c[0];c[0]=c[1];c[1]=t;
}
void swap2(int c0,int c1)
{
  int t;
  t=c0;c0=c1;c1=t;
}
main()
{
  int a[2]={3,5},b[2]={3,5};
  swap1(a);
  swap2(b[0],b[1]);
  printf("%d %d %d %d\n",a[0],a[1],b[0],b[1]);
}
```

A. 5 3 5 3　　B. 5 3 3 5　　C. 3 5 3 5　　D. 3 5 5 3

23. 以下程序运行后的输出结果是（　　）。

```
void sum(int *a)
{ a[0]=a[1];}
main()
{
  int aa[10]={1,2,3,4,5,6,7,8,9,10},i;
  for(i=2;i>=0;i--)
    sum(&aa[i]);
  printf("%d\n",aa[0]);
}
```

A. 4　　B. 3　　C. 2　　D. 1

24. 以下程序运行后的输出结果是（　　）。

```
int f(int b[][4])
{
  int i,j,s=0;
  for(j=0;j<4;j++)
  {
    i=j;
    if(i>2)  i=3-j;
    s+=b[i][j];
```

```
  }
  return s;
}
main()
{
  int a[4][4]={{1,2,3,4},{0,2,4,5},{3,6,9,12},{3,2,1,0}};
  printf("%d\n",f(a));
}
```

A. 12　　B. 11　　C. 18　　D. 16

25. 有以下定义：

```
#include<stdio.h>
char a[10],*b=a;
```

不能给数组 a 输入字符串的语句是（　　）。

A. gets(a);　　B. gets(a[0]);　　C. gets(&a[0]);　　D. gets(b);

26. 以下程序运行后的输出结果是（　　）。

```
main()
{
  char *p[10]={ "abc","aabdfg","dcdbe","abbd","cd"};
  printf("%d\n",strlen(p[4]));
}
```

A. 2　　B. 3　　C. 4　　D. 5

27. 以下程序运行后的输出结果是（　　）。

```
int a=2;
int f(int *a)
{ return (*a)++;}
main()
{
  int s=0;
  {
    int a=5;
    s+=f(&a);
  }
  s+=f(&a);
  printf("%d\n",s);
}
```

A. 10　　B. 9　　C. 7　　D. 8

28. 以下程序运行后的输出结果是（　　）。

```
#define f(x) x*x
main()
{
  int i;
  i=f(4+4)/f(2+2);
  printf("%d\n",i);
}
```

A. 28　　B. 22　　C. 16　　D. 4

29. 设有以下语句：

```
typedef struct  S
{
  int g;
  char h;
}T;
```

则下面叙述中正确的是（　　）。

A．可用 S 定义结构体变量　　B．可以用 T 定义结构体变量

C．S 是 struct 类型的变量　　D．T 是 struct S 类型的变量

30．以下程序运行后的输出结果是（　　）。

```
struct STU
{
  char name[10];
  int num;
};
void f1(struct STU c)
{
  struct STU b={"LiSiGuo",2042};
  c=b;
}
void f2(struct STU *c)
{
  struct STU b={"SunDan",2044};
  *c=b;
}
main()
{
  struct STU a={"YangSan",2041},b={"WangYin",2043};
  f1(a);
  f2(&b);
  printf("%d %d\n",a.num,b.num);
}
```

A．2041 2044　　B．2041 2043　　C．2042 2044　　D．2042 2043

31．以下程序运行后的输出结果是（　　）。

```
main()
{
  unsigned char a,b;
  a=4|3;
  b=4&3;
  printf("%d %d\n",a,b);
}
```

A．7 0　　B．0 7　　C．1 1　　D．43 0

32．下面程序的功能是输出以下形式的金字塔图案：

```
   *
  ***
 *****
*******
```

```
main()
{
  int  i,j;
  for(i=1;i<=4;i++)
  {
    for(j=1;j<=4-i;j++)  printf("");
    for(j=1;j<=_______;j++)  printf("*");
    printf("\n");
  }
}
```

在下画线处应填入的是（　　）。

A. i　　B. 2*i-1　　C. 2*i+1　　D. i+2

33. 以下程序的输出结果是（　　）。

```
void sort(int a[],int n)
{
  int i,j,t;
  for(i=0;i<n-1;i+=2)
    for(j=i+2;j<n;j+=2)
      if(a[i]<a[j])  {t=a[i];a[i]=a[j];a[j]=t;}
}
main()
{
  int aa[10]={1,2,3,4,5,6,7,8,9,10},i;
  sort(aa,10);
  for(i=0;i<10;i++)
    printf("%d,",aa[i]);
  printf("\n");
}
```

A. 1,2,3,4,5,6,7,8,9,10,　　B. 10,9,8,7,6,5,4,3,2,1,

C. 9,2,7,4,5,6,3,8,1,10,　　D. 1,10,3,8,5,6,7,4,9,2,

34. 以下程序段中，不能正确赋字符串（编译时系统会提示错误）的是（　　）。

A. char s[10]= "abcdefg";　　B. char t[]="abcdefg",*s=t;

C. char s[10];s="abcdefg";　　D. char s[10];strcpy(s, "abcdefg");

35. 有以下程序：

```
#include <string.h>
main(int argc,char *argv[])
{
  int i,len=0;
  for(i=1;i<argc;i+=2)
    len+=strlen(argv[i]);
  printf("%5d\n",len);
}
```

经编译、连接后生成的可执行文件是 ex.exe，若运行时输入以下带参数的命令行：

```
ex   abcd   efg   h3   k44
```

执行后的输出结果是（　　）。

A. 14　　B. 12　　C. 8　　D. 6

36. 以下程序运行后的输出结果是（　　）。

```
void f(int a[],int i,int j)
{
  int t;
  if(i<j)
  {
    t=a[i]; a[i]=a[j];a[j]=t;
    f(a,i+1,j-1);
  }
}
main()
{
  int i,aa[5]={1,2,3,4,5};
```

```
  f(aa,0,4);
  for(i=0;i<5;i++)
    printf("%d,",aa[i]);
  printf("\n");
}
```

A. 5,4,3,2,1,　　B. 5,2,3,4,1,　　C. 1,2,3,4,5,　　D. 1,2,3,4,5,

37. 以下程序运行后的输出结果是（　　）。

```
struct STU
{
  char name[10];
  int num;
  int score;
};
main()
{
  struct STU  s[5]={{"YangSan",20041,703},{"LiSiGuo",20042,580},
                    {"wangYin",20043,680},{"SunDan",20044,550},
                    {"Penghua",20045,537}},*p[5],*t;
   int i,j;
   for(i=0;i<5;i++)
     p[i]=&s[i];
   for(i=0;i<4;i++)
     for(j=i+1;j<5;j++)
       if(p[i]->score>p[j]->score)
       { t=p[i];p[i]=p[j];p[j]=t;}
   printf("%d %d\n",s[1].score,p[1]->score);
}
```

A. 550 550　　B. 680 680　　C. 580 550　　D. 580 680

38. 以下程序运行后的输出结果是（　　）。

```
#include <stdlib.h>
struct NODE
{
   int num;
   struct NODE *next;
};
main()
{
  struct NODE *p,*q,*r;
  int sum=0;
  p=(struct NODE *)malloc(sizeof(struct NODE));
  q=(struct NODE *)malloc(sizeof(struct NODE));
  r=(struct NODE *)malloc(sizeof(struct NODE));
  p->num=1;q->num=2;r->num=3;
  p->next=q;q->next=r;r->next=NULL;
  sum+=q->next->num;sum+=p->num;
  printf("%d\n",sum);
}
```

A. 3　　B. 4　　C. 5　　D. 6

39. 以下程序运行后的输出结果是（　　）。

```
#include <stdio.h>
main()
{
```

```
  FILE *fp;
  int i,k=0,n=0;
  fp=fopen("d1.dat","w");
  for(i=1;i<4;i++)
    fprintf(fp,"%d",i);
  fclose(fp);
  fp=fopen("d1.dat","r");
  fscanf(fp,"%d%d",&k,&n);
  printf("%d %d\n",k,n);
  fclose(fp);
}
```

A. 1 2　　B. 123 0　　C. 1 23　　D. 0 0

40. 有以下程序（提示：程序中“fseek(fp,-2L*sizeof(int),SEEK_END);”语句的作用是使位置指针从文件尾向前移 2*sizeof(int)字节）：

```
#include <stdio.h>
main()
{
  FILE *fp;
  int i,a[4]={1,2,3,4},b;
  fp=fopen("data.dat","wb");
  for(i=0;i<4;i++)
    fwrite(&a[i],sizeof(int),1,fp);
  fclose(fp);
  fp=fopen("data.dat","rb");
  fseek(fp,-2L*sizeof(int),SEEK_END);
  fread(&b,sizeof(int),1,fp);/*从文件中读取 sizeof(int)字节的数据到变量 b 中*/
  fclose(fp);
  printf("%d\n",b);
}
```

运行后的输出结果是（　　）。

A. 2　　B. 1　　C. 4　　D. 3

二、填空题

1. 已知字符 A 的 ACSII 码为 65，以下语句的输出结果是__【1】__。

```
char ch='B';
printf("%c %d\n",ch,ch);
```

2. 有以下语句段：

```
int n1=10,n2=20;
printf("__【2】__",n1,n2);
```

要求按以下格式输出 n1 和 n2 的值，每个输出行从第 1 列开始，请填空。

```
n1=10
n2=20
```

3. 以下程序运行后的输出结果是__【3】__。

```
main()
{
  int t=1,i=5;
  for(;i>=0;i--)
    t*=i;
  printf("%d\n",t);
}
```

4. 以下程序运行后的输出结果是___【4】___。

```
main()
{
  int n=0,m=1,x=2;
  if(!n)  x-=1;
  if(m)  x-=2;
  if(x)  x-=3;
  printf("%d\n",x);
}
```

5. 有以下程序：

```
#include <stdio.h>
main()
{
  char ch1,ch2;
  int n1,n2;
  ch1=getchar();
  ch2=getchar();
  n1=ch1-'0';
  n2=n1*10+(ch2-'0');
  printf("%d\n",n2);
}
```

程序运行时输入：12<回车>，执行后的输出结果是___【5】___。

6. 以下程序运行后的输出结果是___【6】___。

```
void f(int y,int *x)
{  y=y+*x;*x=*x+y;}
main()
{
  int x=2,y=4;
  f(y,&x);
  printf("%d %d\n",x,y);
}
```

7. 函数 fun 的功能是计算 x^n，定义如下。

```
double fun(double x,int n)
{
  int i;
  double y=1;
  for(i=1;i<=n;i++)
    y=y*x;
  return y;
}
```

主函数中已经正确定义 m、a、b 变量并赋值，并调用 fun()函数计算：$m=a^4+b^4-(a+b)^3$。实现这一计算的函数调用语句为___【7】___。

8. 下面 rotate()函数的功能是：将 N 行 N 列的矩阵 $\boldsymbol{A}$ 转置为 $\boldsymbol{A}'$，例如：

当 $\boldsymbol{A}=\begin{bmatrix} 1 & 2 & 3 & 4 \\ 5 & 6 & 7 & 8 \\ 9 & 10 & 11 & 12 \\ 13 & 14 & 15 & 16 \end{bmatrix}$　　则 $\boldsymbol{A}'=\begin{bmatrix} 1 & 5 & 9 & 13 \\ 2 & 6 & 10 & 14 \\ 3 & 7 & 11 & 15 \\ 4 & 8 & 12 & 16 \end{bmatrix}$

请填空。

```
#define N 4
```

```
void rotate(int a[][N])
{
  int i,j,t;
  for(i=0;i<N;i++)
    for(j=0;__【8】__;j++)
    {
      t=a[i][j];
      __【9】__;
      a[j][i]=t;
    }
}
```

9. 以下 sstrcpy()函数实现字符串复制，即将 t 所指字符串复制到 s 所指向内存空间中，形成一个新的字符串 s，请填空。

```
void sstrcpy(char *s,char *t)
{
 while(*s++=__【10】__);
}
main()
{
 char str1[100],str2[]="abcdefgh";
 strcpy(str1,str2);
 printf("%s\n",str1);
}
```

10. 下列程序的运行结果是__【11】__。

```
#include <string.h>
char *ss(char *s)
{ return s+strlen(s)/2;}
main()
{
  char *p,*str="abcdefgh";
  p=ss(str);
  printf("%s\n",p);
}
```

11. 下面程序的运行结果是__【12】__。

```
int f( int a[],int  n)
{
  if(n>1)
    return a[0]+f(&a[1],n-1);
  else
    return a[0];
}
main()
{
  int aa[3]={1,2,3},s;
  s=f(&aa[0],3);
  printf("%d\n",s);
}
```

12. 以下程序中给指针 p 分配 3 个 double 型动态内存单元，请填空。

```
#include <stdlib.h>
main()
{
  double *p;
  p=(double *)malloc(__【13】__);
```

```
  p[0]=1.5;
  p[1]=2.5;
  p[2]=3.5;
  printf("%f%f%f\n",p[0],p[1],p[2]);
 }
```

13. 以下程序的运行结果是＿【14】＿。

```
#include <string.h>
typedef struct student
{
  char name[10];
  long sno;
  float score;
}STU;
main()
{
  STU a=
  {"zhangsan",2001,95},b={"Shangxian",2002,90},c={"Anhua",2003,95};
  STU d,*p=&d;
  d=a;
  if(strcmp(a.name,b.name)>0)  d=b;
  if(strcmp(c.name,d.name)>0)  d=c;
  printf("%ld%s\n",d.sno,p->name);
}
```

14. 以下 sum()函数的功能是计算下列级数之和。

$s=1+x+x^2/2!+x^3/3!+\cdots+x^n/n!$

请给函数中的各变量正确赋初值。

```
double sum(double x,int n )
{
  int i;
  double a,b,s;
  ＿【15】＿
  for(i=1;i<=n;i++)
  {
    a=a*x;
    b=b*i;
    s=s+a/b;
  }
  return  s;
}
```

综合练习 4

一、选择题

1. 以下叙述中正确的是（　　）。

   A. C 程序中注释部分可以出现在程序中任意合适的地方

   B. 花括号“{”和“}”只能作为函数体的定义符

   C. 构成 C 程序的基本单位是函数，所有函数名都可以由用户命名

   D. 分号是 C 语句之间的分隔符，不是语句的一部分

2. 以下选项中可作为 C 语言合法整数的是（　　）。

A. 10110B　　B. 0386　　C. 0Xffa　　D. x2a2

3. 以下不能定义为用户标识符的是（　　）。

A. scanf　　B. Void　　C. _3com_　　D. int

4. 以下程序运行后的输出结果是（　　）。

```
main()
{
  int a;
  char c=10;
  float f=100.0;
  double x;
  a=f/=c*=(x=6.5);
  printf("%d %d %3.1f %3.1f\n",a,c,f,x);
}
```

A. 1 65 1 6.5　　B. 1 65 1.5 6.5　　C. 1 65 1.0 6.5　　D. 2 65 1.5 6.5

5. 以下选项中非法的表达式是（　　）。

A. 0<=x<100　　B. i=j==0　　C. (char)(65+3)　　D. x+1=x+1

6. 以下程序运行后的输出结果是（　　）。

```
main()
{
  int a=1,b=2,m=0,n=0,k;
  k=(n=b>a)||(m=a<b);
  printf("%d,%d\n",k,m);
}
```

A. 0,0　　B. 0,1　　C. 1,0　　D. 1,1

7. 有定义语句：int x, y;，若要通过“scanf("%d,%d",&x,&y);”语句使变量 x 得到数值 11，变量 y 得到数值 12，下面 4 组输入形式中，错误的是（　　）。

A. 11 12<回车>　　B. 11,12<回车>　　C. 11,12<回车>　　D. 11,<回车>
12<回车>

8. 设有如下程序段：

```
int x=2002,y=2003;
printf("%d\n",(x,y));
```

则以下叙述中正确的是（　　）。

A. 输出语句中格式说明符的个数少于输出项的个数，不能正确输出

B. 运行时产生出错信息

C. 输出值为 2002

D. 输出值为 2003

9. 设变量 x 为 float 型且已赋值，则以下语句中能将 x 中的数值保留到小数点后两位，并将第 3 位四舍五入的是（　　）。

A. x=x*100+0.5/100.0;　　B. x=(x*100+0.5)/100.0;

C. x=(int)(x*100+0.5)/100.0;　　D. x=(x/100+0.5)*100.0;

10. 有定义语句：int a=1,b=2,c=3,x;，则以下选项中各程序段执行后，x 的值不为 3 的是（　　）。

A.
```
if(c<a)   x=1;
else if(b<a)   x=2;
else   x=3;
```

B.
```
if(a<3)   x=3;
else if(a<2)   x=2;
else x=1;
```

C．if(a<3)　x=3;
　　if (a<2)　x=2;
　　if (a<1)　x=1;

D．if(a<b) x=b;
　　if (b<c) x=c;
　　if (c<a) x=a;

11．有以下程序：

```
main()
{
  int s=0,a=1,n;
  scanf("%d",&n);
  do
  { s+=1; a=a-2;}
  while(a!=n);
  printf("%d\n",s);
}
```

若要使程序的输出值为 2，则应该从键盘给 n 输入的值是（　　）。

A．-1　　B．-3　　C．-5　　D．0

12．若有如下程序段，其中 s、a、b、c 均已定义为整型变量，且 a、c 均已赋值（c>0）：

```
s=a;
for(b=1;b<=c;b++) s=s+1;
```

则与上述程序段功能等价的赋值语句是（　　）。

A．s=a+b;　　B．s=a+c;　　C．s=s+c;　　D．s=b+c;

13．以下程序运行后的输出结果是（　　）。

```
main()
{
  int k=4,n=0;
  for(;n<k;)
  {
    n++;
    if(n%3!=0) continue;
    k--;
  }
  printf("%d,%d\n",k,n);
}
```

A．1,1　　B．2,2　　C．3,3　　D．4,4

14．要求以下程序的功能是计算：*s*=1+1/2+1/3+…+1/10。

```
main()
{
  int n;
  float s=1.0;
  for(n=10;n>1;n--)
    s=s+1/n;
  printf("%6.4f\n",s);
}
```

程序运行后输出结果错误，导致错误结果的程序行是（　　）。

A．s=1.0;　　B．for(n=10;n>1;n--)　　C．s=s+1/n;　　D．printf("%6.4f\n",s);

15．已定义 ch 为字符型变量，以下赋值语句中错误的是（　　）。

A．ch='\';　　B．ch=62+3;　　C．ch=NULL;　　D．ch='\xaa';

16．若已定义的函数有返回值，则以下关于该函数调用的叙述中错误的是（　　）。

A．函数调用可以作为独立的语句存在　　B．函数调用可以作为一个函数的实参

C．函数调用可以出现在表达式中　　D．函数调用可以作为一个函数的形参

17. 有以下函数定义：

```
void fun(int n, double x) { …}
```

若以下选项中的变量都已正确定义并赋值，则对 fun()函数的正确调用语句是（　　）。

A. fun(int y,double m);　　B. k=fun(10,12.5);

C. fun(x,n);　　D. void fun(n,x);

18. 以下程序运行后的输出结果是（　　）。

```
void fun(char *a, char *b)
{ a=b; (*a)++; }
main()
{
  char c1='A',c2='a',*p1,*p2;
  p1=&c1;
  p2=&c2;
  fun(p1,p2);
  printf("%c%c\n",c1,c2);
}
```

A. Ab　　B. aa　　C. Aa　　D. Bb

19. 若程序中已包含头文件 stdio.h，以下选项中，正确运用指针变量的程序段是（　　）。

A. int *i=NULL;
   scanf("%d",i);

B. float *f=NULL;
   *f=10.5;

C. char t='m', *c=&t;
   *c=&t;

D. long *L;
   L='\0';

20. 以下程序运行后的输出结果是（　　）。

```
#include<stdio.h>
main()
{ printf("%d\n",NULL); }
```

A. 0　　B. 1　　C. -1　　D. NULL 没定义，出错

21. 已定义 c 为字符型变量，则下列语句中正确的是（　　）。

A. c='97';　　B. c="97";　　C. c=97;　　D. c="a";

22. 以下不能正确定义二维数组的选项是（　　）。

A. int a[2][2]={{1},{2}};　　B. int a[][2]={1,2,3,4};

C. int a[2][2]={{1},2,3};　　D. int a[2][]={{1,2},{3,4}};

23. 以下选项中不能正确把 cl 定义成结构体变量的是（　　）。

A.
```
typedef struct
{
   int red;
   int green;
   int blue;
}COLOR;
COLOR cl;
```

B.
```
struct color cl
{
   int red;
   int green;
   int blue;
};
```

C.
```
struct color
{
   int red;
   int green;
```

D.
```
struct
{
   int red;
   int green;
```

```
    int blue;                           int blue;
  }c1;                                }c1;
```

24. 以下能正确定义一维数组的选项是（　　）。

A. int num[];　　B. #define N 100
int num[N];　　C. int num[0…100];　　D. int N=100;
int num[N];

25. 下列选项中正确的语句组是（　　）。

A. char s[8]; s={"Beijing"};　　B. char *s; s={"Beijing"};

C. char s[8]; s="Beijing";　　D. char *s; s="Beijing";

26. 已定义以下函数：

```
fun(int *p)
{ return *p; }
```

该函数的返回值是（　　）。

A. 不确定的值　　B. 形参 p 中存放的值

C. 形参 p 所指存储单元中的值　　D. 形参 p 的地址值

27. 下列函数定义中，会出现编译错误的是（　　）。

A.
```
max(int x,int y,int *z)
{ *z=x>y?x:y; }
```

B.
```
int max(int x,y)
{ int z;
    z=x>y?x:y;
    return z;
}
```

C.
```
max(int x,int y)
{ int z;
    z=x>y?x:y;
    return(z);
}
```

D.
```
int max(int x,int y)
{ return(x>y?x:y); }
```

28. 以下程序运行后的输出结果是（　　）。

```
#include <stdio.h>
#define F(X,Y)  (X)*(Y)
main()
{
  int a=3, b=4;
  printf("%d\n",F(a++,b++));
}
```

A. 12　　B. 15　　C. 16　　D. 20

29. 以下程序运行后的输出结果是（　　）。

```
fun(int a, int b)
{
  if(a>b)  return(a);
  else  return(b);
}
main()
{
  int x=3,y=8,z=6,r;
  r=fun(fun(x,y),2*z);
```

```
  printf("%d\n",r);
}
```

A．3　　B．6　　C．8　　D．12

30．若有定义：int *p[3];，则以下叙述中正确的是（　　）。

A．定义了一个基类型为 int 的指针变量 p，该变量具有 3 个指针

B．定义了一个指针数组 p，该数组含有 3 个元素，每个元素都是基类型为 int 的指针

C．定义了一个名为*p 的整型数组，该数组含有 3 个 int 类型元素

D．定义了一个可指向一维数组的指针变量 p，所指一维数组应具有 3 个 int 类型元素

31．以下程序中函数 scmp()的功能是返回形参指针 s1 和 s2 所指字符串中较小字符串的首地址。

```
#include <stdio.h>
#include <string.h>
char *scmp(char *s1, char *s2)
{
  if(strcmp(s1,s2)<0)  return(s1);
  else  return(s2);
}
main()
{
  int i;
  char string[20],str[3][20];
  for(i=0;i<3;i++)
    gets(str[i]);
  strcpy(string,scmp(str[0],str[1]));   /*库函数strcpy对字符串进行复制*/
  strcpy(string,scmp(string,str[2]));
  printf("%s\n",string);
}
```

若运行时依次输入 abcd、abba 和 abc 三个字符串，则输出结果为（　　）。

A．abcd　　B．abba　　C．abc　　D．abca

32．以下程序运行后的输出结果是（　　）。

```
struct s
{ int x,y;}data[2]={10,100,20,200};
main()
{
  struct s *p=data;
  printf("%d\n",++(p->x));
}
```

A．10　　B．11　　C．20　　D．21

33．有以下程序段：

```
main()
{
  int a=5,*b,**c;
  c=&b; b=&a;
  …
}
```

程序在执行了“c=&b;b=&a;”语句后，表达式“**c”的值是（　　）。

A．变量 a 的地址　　B．变量 b 中的值　　C．变量 a 中的值　　D．变量 b 的地址

34．以下程序运行后的输出结果是（　　）。

```
#include <string.h>
```

```
main()
{
  char str[][20]={"Hello","Beijing"},*p=str;
  printf("%d\n",strlen(p+20));
}
```

A. 0　　B. 5　　C. 7　　D. 20

35. 已定义以下函数：

```
fun(char *p2,char *p1)
{ while((*p2=*p1)!='\0'){ p1++;p2++; } }
```

函数的功能是（　　）。

A. 将 p1 所指字符串复制到 p2 所指内存空间

B. 将 p1 所指字符串的地址赋给指针 p2

C. 对 p1 和 p2 两个指针所指字符串进行比较

D. 检查 p1 和 p2 两个指针所指字符串中是否有'\0'

36. 以下程序运行后的输出结果是（　　）。

```
main()
{
  int x=3,y=2,z=1;
  printf("%d\n",x/y&~z);
}
```

A. 3　　B. 2　　C. 1　　D. 0

37. 若 fp 已正确定义并指向某个文件，当未遇到该文件结束标志时函数 feof(fp)的值为（　　）。

A. 0　　B. 1　　C. -1　　D. 一个非 0 值

38. 下列关于 C 语言数据文件的叙述中正确的是（　　）。

A. 文件由 ASCII 码字符序列组成，C 语言只能读/写文本文件

B. 文件由二进制数据序列组成，C 语言只能读/写二进制文件

C. 文件由记录序列组成，可按数据的存放形式分为二进制文件和文本文件

D. 文件由数据流形式组成，可按数据的存放形式分为二进制文件和文本文件

39. 以下程序运行后的输出结果是（　　）。

```
main()
{
  int a[3][3],*p,i;
  p=&a[0][0];
  for(i=0;i<9;i++)
    p[i]=i+1;
  printf("%d \n",a[1][2]);
}
```

A. 3　　B. 6　　C. 9　　D. 2

40. 有以下结构体说明和变量定义，如图 5-2 所示，指针 p、q、r 分别指向一个链表中的 3 个连续结点。

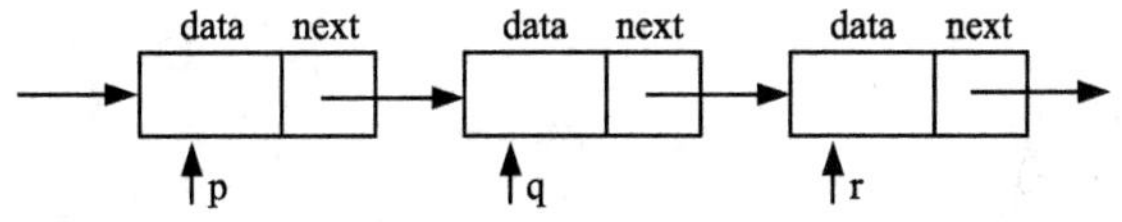

图 5-2　链表

```
struct node
{
  int data;
  struct node *next;
}*p,*q,*r;
```

现要将q和r所指结点的先后位置交换,同时要保持链表的连续,以下错误的程序段是(　　)。

A. r->next=q; q->next=r->next; p->next=r;　　B. q->next=r->next; p->next=r; r->next=q;

C. p->next=r; q->next=r->next; r->next=q;　　D. q->next=r->next; r->next=q; p->next=r;

二、填空题

1. 以下程序运行后的输出结果是＿【1】＿。

```
main()
{
  int p=30;
  printf("%d\n",(p/3>0?p/10:p%3));
}
```

2. 以下程序运行后的输出结果是＿【2】＿。

```
main()
{
  char m;
  m='B'+32;
  printf("%c\n",m);
}
```

3. 以下程序运行后的输出结果是＿【3】＿。

```
main()
{
  int a=1,b=3,c=5;
  if(c=a+b)  printf("yes\n");
  else  printf("no\n");
}
```

4. 以下程序运行后的输出结果是＿【4】＿。

```
main()
{
  int i,m=0,n=0,k=0;
  for(i=9;i<=11;i++)
    switch(i/10)
    {
      case 0: m++;n++;break;
      case 10: n++;break;
      default: k++;n++;
    }
  printf("%d %d %d\n",m,n,k);
}
```

5. 运行以下程序后，输出“#”的个数是＿【5】＿。

```
#include <stdio.h>
main()
{
  int i,j;
  for(i=1;i<5;i++)
    for(j=2;j<=i;j++)
      putchar('#');
}
```

6. 以下程序的功能是调用函数 fun()计算：m=1-2+3-4+…+9-10，并输出结果，请填空。

```
int fun(int n)
{
  int m=0,f=1,i;
  for(i=1;i<=n;i++)
  {
    m+=i*f;
    f=__【6】__;
  }
  return m;
}
main()
{
  printf("m=%d\n",__【7】__);
}
```

7. 以下程序运行后的输出结果是__【8】__。

```
main()
{
  int i,n[]={0,0,0,0,0};
  for(i=1;i<=4;i++)
  {
    n[i]=n[i-1]*2+1;
    printf("%d ",n[i]);
  }
}
```

8. 以下程序运行后的输出结果是__【9】__。

```
main()
{
  int i,j,a[][3]={1,2,3,4,5,6,7,8,9};
  for(i=0;i<3;i++)
    for(j=i+1;j<3;j++)
      a[j][i]=0;
  for(i=0;i<3;i++)
  {
    for(j=0;j<3;j++)
      printf("%d ",a[i][j]);
    printf("\n");
  }
}
```

9. 以下程序运行后的输出结果是__【10】__。

```
int a=5;
fun(int b)
{
  static int a=10;
  a+=b++;
  printf("%d ",a);
}
main()
{
  int c=20;
  fun(c);
  a+=c++;
  printf("%d\n",a);
```

```
}
```

10. 请在以下程序第 1 行的下画线处填写适当内容，使程序能正确运行。

```
  【11】  (double,double);
main()
{
  double x,y;
  scanf("%lf%lf",&x,&y);
  printf("%lf\n",max(x,y));
}
double max(double a,double b)
{ return(a>b ? a:b); }
```

11. 以下程序运行后输入：3,abcde<回车>，则输出结果是 【12】 。

```
#include <string.h>
move(char *str,int n)
{
  char temp; int i;
  temp=str[n-1];
  for(i=n-1;i>0;i--)
    str[i]=str[i-1];
  str[0]=temp;
}
main()
{
  char s[50];
  int n,i,z;
  scanf("%d,%s",&n,s);
  z=strlen(s);
  for(i=1;i<=n;i++)
    move(s,z);
  printf("%s\n",s);
}
```

12. 以下程序运行后的输出结果是 【13】 。

```
fun(int x)
{
  if(x/2>0)  fun(x/2);
  printf("%d ",x);
}
main()
{ fun(6); }
```

13. 已有定义如下：

```
struct node
{
  int data;
  struct node *next;
}*p;
```

以下语句调用 malloc()函数，使指针 p 指向一个具有 struct node 类型的动态存储空间，请填空。

```
p=(struct node *)malloc(  【14】  );
```

14. 以下程序的功能是将字符串 s 中的数字字符放入 d 数组中，最后输出 d 中的字符串。例如：输入字符串：abc123edf456gh，执行程序后输出：123456，请填空。

```
#include <stdio.h>
#include <ctype.h>
main()
```

```
{
  char s[80],d[80];
  int i,j;
  gets(s);
  for(i=j=0;s[i]!='\0';i++)
  if(  【15】   )
  {
    d[j]=s[i];
    j++;
  }
  d[j]='\0';
  puts(d);
}
```

综合练习 5

一、选择题

1. 用 8 位无符号二进制数能表示的最大十进制数为（　　）。

   A．127　　B．128　　C．255　　D．256

2. 以下叙述中正确的是（　　）。

   A．C 语言比其他语言高级

   B．C 语言可以不用编译就能被计算机识别执行

   C．C 语言以接近英语国家的自然语言和数学语言作为语言的表达形式

   D．C 语言出现得最晚，具有其他语言的一切优点

3. C 语言中用于结构化程序设计的 3 种基本结构是（　　）。

   A．顺序结构、选择结构、循环结构　　B．if、switch、break

   C．for、while、do...while　　D．if、for、continue

4. 在一个 C 程序中（　　）。

   A．main()函数必须出现在所有函数之前　　B．main()函数可以在任何地方出现

   C．main()函数必须出现在所有函数之后　　D．main()函数必须出现在固定位置

5. 下列叙述中正确的是（　　）。

   A．C 语言中既有逻辑类型也有集合类型　　B．C 语言中没有逻辑类型但有集合类型

   C．C 语言中有逻辑类型但没有集合类型　　D．C 语言中既没有逻辑类型也没有集合类型

6. 下列关于 C 语言用户标识符的叙述中正确的是（　　）。

   A．用户标识符中可以出现下画线和中画线（减号）

   B．用户标识符中不可以出现中画线，但可以出现下画线

   C．用户标识符中可以出现下画线，但不可以放在用户标识符的开头

   D．用户标识符中可以出现下画线和数字，它们都可以放在用户标识符的开头

7. 若有以下程序段（n 所赋的是八进制数）:

```
int m=32767,n=032767;
printf("%d,%o\n",m,n);
```

   执行后的输出结果是（　　）。

   A．32767,32767　　B．32767,032767　　C．32767,77777　　D．32767,077777

8. 下列关于单目运算符++、--的叙述中正确的是（　　）。

A. 它们的运算对象可以是任何变量和常量

B. 它们的运算对象可以是 char 型变量和 int 型变量，但不能是 float 型变量

C. 它们的运算对象可以是 int 型变量，但不能是 double 型变量和 float 型变量

D. 它们的运算对象可以是 char 型变量、int 型变量和 float 型变量

9. 若有以下程序段：

```
int m=0xabc,n=0xabc;
m-=n;
printf("%x\n",m);
```

执行后的输出结果是（　　）。

A. 0X0　　B. 0x0　　C. 0　　D. 0XABC

10. 有以下程序段：

```
int m=0,n=0;char c='a';
scanf("%d%c%d",&m,&c,&n);
printf("%d,%c,%d\n",m,c,n);
```

若从键盘上输入：10A10<回车>，则输出结果是（　　）。

A. 10,A,10　　B. 10,a,10　　C. 10,a,0　　D. 10,A,0

11. 以下程序运行后的输出结果是（　　）。

```
main()
{
  int i;
  for(i=0;i<3;i++)
  switch(i)
  {
    case 1: printf("%d",i);
    case 2: printf("%d",i);
    default : printf("%d",i);
  }
}
```

A. 011122　　B. 012　　C. 012020　　D. 120

12. 以下程序运行后的输出结果是（　　）。

```
main()
{
  int i=1,j=1,k=2;
  if((j++||k++)&&i++)
    printf("%d,%d,%d\n",i,j,k);
}
```

A. 1,1,2　　B. 2,2,1　　C. 2,2,2　　D. 2,2,3

13. 以下程序执行后的输出结果是（　　）。

```
main()
{
  int a=5,b=4,c=3,d=2;
  if(a>b>c)
    printf("%d\n",d);
  else if((c-1>=d)==1)
    printf("%d\n",d+1);
  else
```

```
    printf("%d\n",d+2);
}
```

A．2　　B．3　　C．4　　D．编译时有错，无结果

14．以下程序运行后的输出结果是（　　）。

```
main()
{
  int p[7]={11,13,14,15,16,17,18},i=0,k=0;
  while(i<7&&p[i]%2)
  { k=k+p[i];i++;}
  printf("%d\n",k);
}
```

A．58　　B．56　　C．45　　D．24

15．以下程序运行后的输出结果是（　　）。

```
main()
{
  int i=0,s=0;
  do
  {
    if(i%2) { i++;continue; }
    i++;
    s+=i;
  }while(i<7);
  printf("%d\n",s);
}
```

A．16　　B．12　　C．28　　D．21

16．以下程序运行后的输出结果是（　　）。

```
main()
{
  int i=10,j=1;
  printf("%d,%d\n",i--,++j);
}
```

A．9,2　　B．10,2　　C．9,1　　D．10,1

17．有以下程序：

```
main()
{
  char a,b,c,*d;
  a='\';
  b='\xbc';
  c='\0xab';
  d="\0127";
  printf("%c %c %c %c\n",a,b,c,*d);
}
```

编译时出现错误，以下叙述中正确的是（　　）。

A．程序中只有“a='\';”语句不正确　　B．“b='\xbc';”语句不正确

C．“d="\0127";”语句不正确　　D．“a='\';”和“c='\0xab';”语句都不正确

18．以下程序运行后的输出结果是（　　）。

```
int f1(int x,int y)
{ return x>y?x:y; }
int f2(int x,int y)
```

```
{ return x>y?y:x; }
main()
{
  int a=4,b=3,c=5,d,e,f;
  d=f1(a,b);
  d=f1(d,c);
  e=f2(a,b);
  e=f2(e,c);
  f=a+b+c-d-e;
  printf("%d,%d,%d\n",d,f,e);
}
```

A. 3,4,5　　B. 5,3,4　　C. 5,4,3　　D. 3,5,4

19. 以下程序运行后的输出结果是（　　）。

```
void f(int x,int y)
{
  int t;
  if (x<y) { t=x;x=y;y=t; }
}
main()
{
  int a=4,b=3,c=5;
  f(a,b);
  f(a,c);
  f(b,c);
  printf("%d,%d,%d\n",a,b,c);
}
```

A. 3,4,5　　B. 5,3,4　　C. 5,4,3　　D. 4,3,5

20. 若有以下定义和语句：

```
#include<stdio.h>
int a=4,b=3,*p,*q, *w;
p=&a;q=&b;w=q;q=NULL;
```

则以下选项中错误的语句是（　　）。

A. *q=0;　　B. w=p;　　C. *p=a;　　D. *p=*w;

21. 以下程序运行后的输出结果是（　　）。

```
int *f(int *x,int *y)
{
  if(*x<*y)
    return x;
  else
    return y;
}
main()
{
  int a=7,b=8,*p,*q,*r;
  p=&a;
  q=&b;
  r=f(p,q);
  printf("%d,%d,%d\n",*p,*q,*r);
}
```

A. 7,8,8　　B. 7,8,7　　C. 8,7,7　　D. 8,7,8

22. 以下程序运行后的输出结果是（　　）。

```
main()
{
  char *s[]={"one","two","three"},*p;
  p=s[1];
  printf("%c,%s\n",*(p+1),s[0]);
}
```

A．n,two　　B．t,one　　C．w,one　　D．o,two

23．以下程序运行后的输出结果是（　　）。

```
main()
{
  int x[8]={8,7,6,5,0,0},*s;
  s=x+3;
  printf("%d\n",s[2]);
}
```

A．随机值　　B．0　　C．5　　D．6

24．以下能正确定义数组并正确赋初值的语句是（　　）。

A．int N=5,b[N][N];　　B．int a[1][2]={{1},{3}};

C．int c[2][]= {{1,2},{3,4}};　　D．int d[3][2]={{1,2},{3,4}};

25．以下程序运行后的输出结果是（　　）。

```
main()
{
  int m[][3]={1,4,7,2,5,8,3,6,9};
  int i,j,k=2;
  for(i=0;i<3;i++)
    printf("%d",m[k][i]);
}
```

A．4 5 6　　B．2 5 8　　C．3 6 9　　D．7 8 9

26．以下函数的功能是：通过键盘输入数据，为数组中的所有元素赋值。

```
#define N 10
void arrin(int x[N])
{
  int i=0;
  while(i<N)
    scanf("%d",_____);
}
```

在下画线处应填入的是（　　）。

A．x+i　　B．&x[i+1]　　C．x+(i++)　　D．&x[++i]

27．以下程序运行后的输出结果是（　　）。

```
main()
{
  char s[]="\n123\\";
  printf("%d,%d\n",strlen(s),sizeof(s));
}
```

A．赋初值的字符串有错　　B．6,7

C．5,6　　D．6,6

28．阅读以下函数：

```
fun(char *s1,char *s2)
{
```

```
  int i=0;
  while(s1[i]==s2[i]&&s2[i]!='\0')  i++;
  return (s1[i]=='\0'&&s2[i]=='\0');
}
```

此函数的功能是（　　）。

A. 将 s2 所指字符串赋给 s1

B. 比较 s1 和 s2 所指字符串的大小，若 s1 比 s2 的大，函数值为 1，否则为 0

C. 比较 s1 和 s2 所指字符串是否相等，若相等，函数值为 1，否则函数值为 0

D. 比较 s1 和 s2 所指字符串的长度，若 s1 比 s2 的长，函数值为 1，否则为 0

29. 以下叙述中正确的是（　　）。

A. 全局变量的作用域一定比局部变量的作用域范围大

B. 静态（static）类别变量的生存期贯穿于整个程序的运行期间

C. 函数的形参都属于全局变量

D. 未在定义语句中赋初值的 auto 变量和 static 变量的初值都是随机值

30. 设有如下说明：

```
typedef struct
{ int n; char c; double x;}STD;
```

则以下选项中，能正确定义结构体数组并赋初值的语句是（　　）。

A. STD tt[2]={{1,'A',62},{2,'B',75}};　　B. STD tt[2]={1,"A",62,2,"B",75};

C. struct tt[2]={{1,'A'},{2,'B'}};　　D. struct tt[2]={{1,"A",62.5},{2,"B",75.0}};

31. 以下程序运行后的输出结果是（　　）。

```
main()
{
  union
  {
    unsigned int n;
    unsigned char c;
  }u1;
  u1.c='A';
  printf("%c\n",u1.n);
}
```

A. 产生语法错误　　B. 随机值　　C. A　　D. 65

32. 以下程序运行后的输出结果是（　　）。

```
main()
{
  char str[]="xyz",*ps=str;
  while(*ps) ps++;
  for(ps--;ps-str>=0;ps--) puts(ps);
}
```

A.	B.	C.	D.
yz	z	z	x
xyz	yz	yz	xy
xyz	xyz		

33. 以下程序运行后的输出结果是（　　）。

```
main()
{
```

```
  int a[][3]={{1,2,3},{4,5,0}},(*pa)[3],i;
  pa=a;
  for(i=0; i<3; i++)
    if(i<2)  pa[1][i]=pa[1][i]-1;
    else  pa[1][i]=1;
  printf("%d\n",a[0][1]+a[1][1]+a[1][2]);
}
```

A. 7　　B. 6　　C. 8　　D. 无确定值

34. 以下程序运行后的输出结果是（　　）。

```
void fun(int *a,int i,int j)
{
  int t;
  if(i<j)
  {
    t=a[i];a[i]=a[j];a[j]=t;
    fun(a,++i,--j);
  }
}
main()
{
  int a[]={1,2,3,4,5,6},i;
  fun(a,0,5);
  for(i=0;i<6;i++)
    printf("%d ",a[i]);
}
```

A. 6 5 4 3 2 1　　B. 4 3 2 1 5 6　　C. 4 5 6 1 2 3　　D. 1 2 3 4 5 6

35. 有以下程序：

```
main(int argc,char *argv[])
{
  int n,i=0;
  while(argv[1][i]!='\0')
  { n=fun();i++;}
  printf("%d\n",n*argc);
}
int fun()
{
  static int s=0;
  s+=1;
  return s;
}
```

假设程序经编译、连接后生成可执行文件 exam.exe，若输入以下命令行：

exam 123<回车>

则运行结果为（　　）。

A. 6　　B. 8　　C. 3　　D. 4

36. 若要说明一个类型名 STP，使得定义语句“STP s;”等价于“char *s;”，以下选项中正确的是（　　）。

A. typedef STP char *s;　　B. typedef *char STP;

C. typedef STP *char;　　D. typedef char* STP;

37. 设有如下定义：

```
struct ss
```

```
{
  char name[10];
  int age;
  char sex;
}std[3],*p=std;
```

下面各输入语句中错误的是（　　）。

A．scanf("%d",&(*p).age);　　B．scanf("%s",&std.name);

C．scanf("%c",&std[0].sex);　　D．scanf("%c",&(p->sex));

38．设 char 型变量 x 中的值为 10100111，则表达式(2+x)^(～3)的值是（　　）。

A．10101001　　B．10101000　　C．11111101　　D．01010101

39．以下叙述中不正确的是（　　）。

A．C 语言中的文本文件以 ASCII 码形式存储数据

B．C 语言中对二进制文件的访问速度比文本文件快

C．C 语言中，随机读/写方式不适用于文本文件

D．C 语言中，顺序读/写方式不适用于二进制文件

40．以下程序企图把从终端输入的字符输出到名为 abc.txt 的文件中，直到从终端读入字符“#”时结束输入和输出操作，但程序有错。

```
#include <stdio.h>
main()
{
  FILE *fout;
  char ch;
  fout=fopen('abc.txt','w');
  ch=fgetc(stdin);
  while(ch!='#')
  {
    fputc(ch,fout);
    ch=fgetc(stdin);
  }
  fclose(fout);
}
```

出错的原因是（　　）。

A．函数 fopen()调用形式错误　　B．输入文件没有关闭

C．函数 fgetc()调用形式错误　　D．文件指针 stdin 没有定义

二、填空题

1．若有语句：

```
int i=-19,j=i%4;
printf("%d\n",j);
```

则输出结果是＿【1】＿。

2．若有程序：

```
main()
{
  int i,j;
  scanf("i=%d,j=%d",&i,&j);
  printf("i=%d,j=%d\n",i,j);
}
```

要求给 i 赋 10，给 j 赋 20，则应该从键盘输入＿【2】＿。

3．以下程序运行后的输出结果是＿【3】＿。

```
main()
{
  int p,a=5;
  if(p=a!=0)
    printf("%d\n",p);
  else
    printf("%d\n",p+2);
}
```

4. 以下程序运行后的输出结果是 【4】 。

```
main()
{
  int a=4,b=3,c=5,t=0;
  if(a<b)t=a;a=b;b=t;
  if(a<c) t=a;a=c;c=t;
  printf("%d %d %d\n",a,b,c);
}
```

5. 以下程序运行后的输出结果是 【5】 。

```
main()
{ int a[4][4]=
  {{1,2,-3,-4},{0,-12,-13,14},{-21,23,0,-24},{-31,32,-33,0}};
  int i,j,s=0;
  for(i=0;i<4;i++)
  {
    for(j=0;j<4;j++)
    {
      if(a[i][j]<0) continue;
      if(a[i][j]==0) break;
      s+=a[i][j];
    }
  }
  printf("%d\n",s);
}
```

6. 以下程序运行后的输出结果是 【6】 。

```
main()
{
  char a;
  a='H'-'A'+'0';
  printf("%c\n",a);
}
```

7. 以下程序运行后的输出结果是 【7】 。

```
int f(int x,int y)
{ return(y-x)*x; }
main()
{
  int a=3,b=4,c=5,d;
  d=f(f(3,4),f(3,5));
  printf("%d\n",d);
}
```

8. 函数 YangHui()的功能是把杨辉三角形的数据赋给二维数组的下半三角，形式如下：

```
1
1 1
1 2 1
1 3 3 1
1 4 6 4 1
…
```

其构成规律是：

（1）第 0 列元素和主对角线元素均为 1。

（2）其余元素为其左上方和正上方元素之和。

（3）数据的个数每行递增 1。

请将程序补充完整。

```
#define N 6
void YangHui(int x[N][N])
{
  int i,j;
  x[0][0]=1;
  for(i=1;i<N;i++)
  {
    x[i][0]=__【8】__=1;
    for(j=1;j<i;j++)
      x[i][j]=__【9】__;
  }
}
```

9. 以下函数的功能是删除字符串 s 中的所有数字字符，请填空。

```
void dele(char *s)
{
  int n=0,i;
  for(i=0;s[i];i++)
    if(__【10】__)
      s[n++]=s[i];
  s[n]=__【11】__;
}
```

10. 设函数 findbig 已定义为求 3 个数中的最大值。以下程序将利用函数指针调用 findbig 函数。请填空。

```
main()
{
  int findbig(int,int,int);
  int (*f)(),x,y,z,big;
  f=__【12】__;
  scanf("%d%d%d",&x,&y,&z);
  big=(*f)(x,y,z);
  printf("big=%d\n",big);
}
```

11. 以下程序的输出结果是__【13】__。

```
#define MCRA(m) 2*m
#define MCRB(n,m) 2*MCRA(n)+m
main()
{
  int i=2,j=3;
  printf("%d\n",MCRB(j,MCRA(i)));
}
```

12. 已有文本文件 test.txt，其中的内容为：Hello,everyone!。以下程序中，文件 test.txt 已正确为“读”而打开，由文件指针 fr 指向该文件，则程序的输出结果是__【14】__。

```
#include <stdio.h>
main()
{
  FILE *fr;
  char str[40];
  …
  fgets(str,5,fr);
  printf("%s\n",str);
  fclose(fr);
}
```

综合练习 参考答案

练习 1

一、选择题

1～10： B A C D B C A B A B
11～20：D B C C B A C D D A
21～30：C B B A D C D C C C
31～40：B A D B A A D C D B

二、填空题

【1】10300 【2】81 【3】10 20 0 【4】0918273645
【5】1B 【6】bar[i] 【7】4 3 3 4 【8】abcbcc
【9】0 10 1 11 2 12 【10】13431 【11】str+(strlen(str)-1) 【12】!t
【13】huiwen(str)

练习 2

一、选择题

1～10： B C C D C D A C B C
11～20：C A D D B A C A D C
21～30：D D A C B D B D A A
31～40：C B B C D A C C A B

二、填空题

【1】11 【2】25 21 37 【3】24 【4】2 1
【5】92 【6】gae 【7】*2*4*6*8* 【8】4
【9】x 【10】x*x+1 【11】&a[i] 【12】a[i]
【13】a[k][i] 【14】*sum 【15】x,&s

练习 3

一、选择题

1～10： B B C A C D B C D A
11～20：A C B D D A D D C D
21～30：C B A D B A C A D A
31～40：A B C C D A C B B D

二、填空题

【1】B 66 【2】n1=%d\nn2=%d 【3】0 【4】-4
【5】12 【6】8 4 【7】fun(a,4)+fun(b,4)-fun(a+b,3);
【8】j<=i 【9】a[i][j]=a[j][i] 【10】*t++ 【11】efgh
【12】6 【13】3*sizeof(double) 【14】2002Shangxian
【15】a=1.0;b=1.0;s=1.0;

练习 4

一、选择题

1~10: A C D B D C A D C C
11~20: B B C C A D C A D A
21~30: C D B B D C B A D B
31~40: B B C C A D A D B A

二、填空题

【1】3 【2】b 【3】yes 【4】1 3 2
【5】6 【6】-f 或 f*-1 或 -1*f 或 f*(-1) 或 (-1)*f
【7】fun(10) 【8】1 3 7 15
【9】1 2 3
0 5 6
0 0 9
【10】30 25 【11】double max（或 extern double max）
【12】cdeab 【13】1 3 6
【14】sizeof(struct node)或 4
【15】s[i]>='0' && s[i]<='9'
或 isdigit(s[i])
或 s[i]>=48 && s[i]<=57
或 s[i]<='9' && s[i]>='0'
或 '9'>=s[i] && '0'<=s[i]
或 '0'<=s[i] && '9'>=s[i]
或 s[i]<=57 && s[i]>=48
或 57>=s[i] && 48<=s[i]
或 48<=s[i] && 57>=s[i]

练习 5

一、选择题

1~10: C C A B D B A D C A
11~20: A C B D A B D C D A
21~30: B C B D C C C C B A
31~40: C B A A A D B D D A

二、填空题

【1】-3 【2】i=10,j=20 【3】1 【4】5 0 3
【5】58 【6】7 【7】9 【8】x[i][i]
【9】x[i-1][j-1]+x[i-1][j] 或 x[i-1][j]+x[i-1][j-1]
【10】s[i]<'0'|| s[i]>'9'

或 !(s[i]>='0'&&s[i]<='9')

或 !(isdigit(s[i]))

或 isdigit(s[i]) ==0

或 s[i]>'9'|| s[i]<'0'

或 !(s[i]<='9'&& s[i]>='0')

或 *(s+i)<'0'||*(s+i)>'9'或 !(*(s+i)>='0'&&*(s+i)<='9')

或 !(isdigit(*(s+i))) 或 *(s+i)>'9'||*(s+i)<'0'

或 !(*(s+i)<='9'&&*(s+i)>='0')

或 isdigit(*(s+i)) ==0

【11】'\0' 或 0 或 NULL

【12】findbig

【13】16

【14】Hell

第 6 章 课程设计示例

课程设计的目的是将课本上的理论知识和实际运用有机地结合起来，锻炼学生运用所学知识分析解决实际问题的能力。在设计过程中，要求学生养成良好的编程习惯，学会分析简单的实际问题，并能利用所学的知识建立系统的逻辑结构。

本章以职工信息管理系统为例，阐述了程序开发的一般流程，以起到抛砖引玉的作用。

6.1 需求分析

6.1.1 编写目的

通过对用户需求进行调查分析，写出需求分析文档。需求分析文档可作为项目设计的基本准则要求，也可作为系统分析员进行系统分析和测试人员进行测试时的参考手册。

6.1.2 需求概述

设计一个职工信息管理系统，使之能提供以下功能：

（1）职工信息录入功能；

（2）职工信息浏览功能；

（3）职工信息查询（或排序）功能；

（4）职工信息删除功能；

（5）职工信息修改功能。

6.1.3 需求说明

相关的需求说明如下：

（1）职工信息包括职工号、姓名、性别、出生年月、学历、职务、工资、住址、电话等，并且要求职工号不重复。

（2）录入的职工信息要求用文件形式保存，并可以对其进行浏览、查询、修改、删除等基本操作。

（3）职工信息的显示要求有一定的规范格式。

（4）对职工信息应能够分别按编号及按姓名两种方式进行查询，要求能返回所有符合条件的职工的信息。

（5）对职工信息的修改应逐个进行，一个职工信息的更改不应影响其他的职工记录。

（6）所设计的系统应以菜单方式工作，应为用户提供清晰的使用提示，依据用户的选择来进行各种处理，并要求在此过程中能够尽可能地兼容用户使用过程中的异常情况。

6.2　总 体 设 计

6.2.1　编写目的

根据需求分析文档，初步提出问题的解决方案，以及软件系统的体系结构和数据结构的设计方案，并写出书面文档总体设计说明书，为下一步进行详细设计做准备。

6.2.2　总体设计

1．功能划分

该系统可以按功能进行模块划分，如图 6–1 所示。

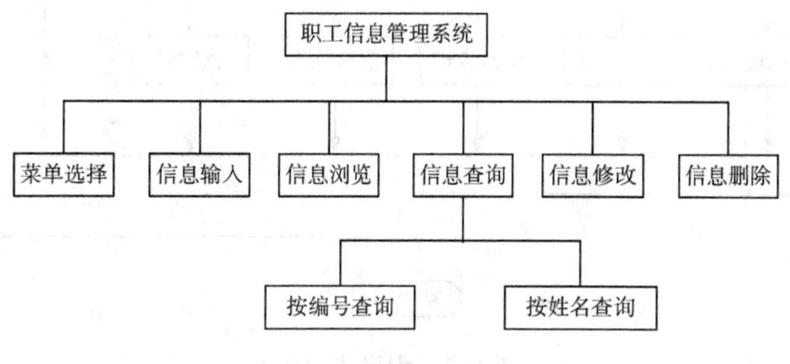

图 6–1　系统模块图

其中：

（1）菜单选择模块完成用户命令的接收，此模块也是职工信息管理系统的入口，用户所要进行的各种操作均需在此模块中进行选择，并进而调用其他模块实现相应的功能。

（2）信息输入模块完成职工信息的输入功能，输入信息包括职工号、姓名、性别、出生年月、学历、职务、工资、住址、电话等。

（3）信息浏览模块完成已录入职工信息的显示。

（4）信息查询模块完成职工信息的查询，查询时对应有按编号查询和按姓名查询两种方式。

（5）信息修改模块完成职工信息的修改功能。

（6）信息删除模块完成职工信息的删除功能。

2．数据结构

本系统中主要的数据结构就是职工的信息，包含职工号、姓名、性别、出生年月、学历、职务、工资、住址、电话等，在处理过程中各项可以作为一个职工的不同属性来进行处理。

3．程序流程

系统的执行应从功能菜单的选择开始，依据用户的选择来进行后续的处理，直到用户选择退出系统为止，其间应对用户的选择做出判断及异常处理。系统的流程图如图 6–2 所示。

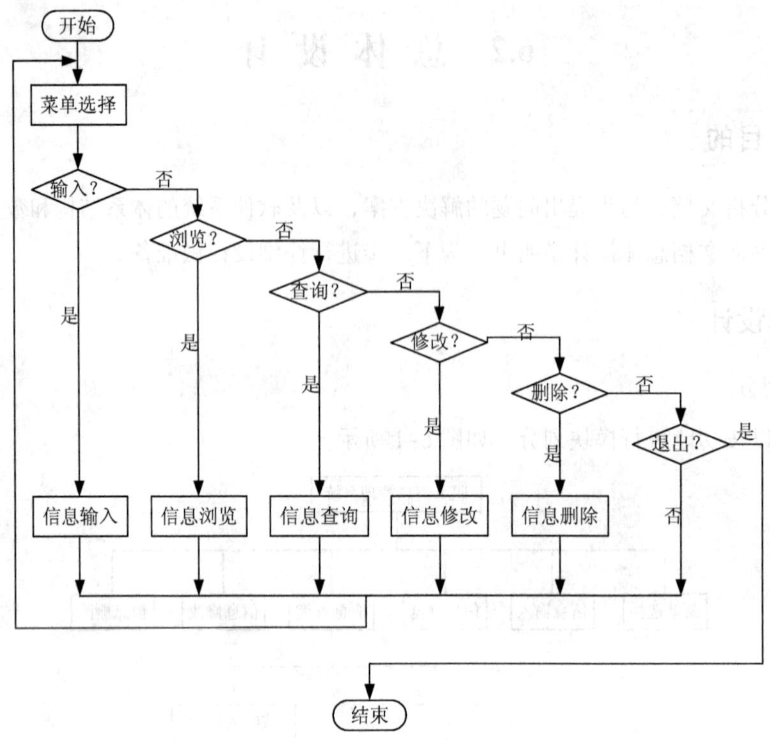

图 6-2　程序流程图

6.3　详 细 设 计

6.3.1　编写目的

根据总体设计说明书，在总体设计的基础之上，对系统进行详细设计，以便下一步进行程序编码工作。

6.3.2　详细设计

1. 数据结构

（1）性别：enum Sex{male,female};。

（2）学历：enum Education{high,junior,college,master,doctor};。

（3）日期：

```
struct Date
{
  int year;
  int month;
  int day;
};
```

（4）职工信息：

```
struct Info
{
  char num[5];                        /* 职工号 */
```

```
  char name[8];                          /* 姓名 */
  enum Sex sex;                          /* 性别 */
  struct Date birthday;                  /* 出生年月 */
  enum Education education;              /* 学历 */
  char duty[8];                          /* 职务 */
  double wage;                           /* 工资 */
  char addr[12];                         /* 地址 */
  char phone[8];                         /* 电话 */
};
```

2. 各个功能模块的处理流程

对应于总体设计时的系统模块图，各个功能模块的处理流程如下：

（1）信息输入模块：

```
打开职工信息文件;
while(继续输入)
{
  读入职工信息;
  将读入的信息添加到职工信息文件中;
  提示是否继续输入;
}
关闭职工信息文件;
```

（2）信息浏览模块：

```
打开职工信息文件;
while(不到文件结束)
{
  从文件中顺序读出一个职工的信息;
  按指定格式输出该职工的信息;
}
关闭职工信息文件;
```

（3）信息查询模块：

```
while(继续查询)
{
  if(按编号查询)
  {
    读入查询的职工编号;
    打开职工信息文件;
    while(不到文件结束)
    {
      顺序读出一个职工的信息;
      if(该职工信息的编号符合条件)
        输出该职工的信息;
    }
    关闭职工信息文件;
    提示共有几条符合条件的记录;
  }
  else if(按姓名查询)
  {
    读入查询的职工姓名;
    打开职工信息文件;
    while(不到文件结束)
    {
      顺序读出一个职工的信息;
      if(该职工信息的姓名符合条件)
```

```
      输出该职工的信息;
    }
    关闭职工信息文件;
    提示共有几条符合条件的记录;
  }
  else
    提示输入不合适;
  提示是否继续查询;
}
```

（4）信息修改模块：

```
while( 继续修改 )
{
  打开职工信息文件;
  打开临时文件;
  提示并读入待修改的职工的编号;
  while(不到文件结束)
  {
    顺序读出一个职工的信息;
    if(该职工信息的编号符合条件)
      将职工的信息进行修改;
    将职工的信息写入临时文件中;
  }
  关闭原信息文件;
  关闭临时文件;
  删除原信息文件;
  将临时文件的名字改为原信息文件的名字;
}
```

（5）信息删除模块：

```
  while(继续删除)
  {
    提示并读入待删除的职工号;
    打开职工信息文件;
    查找是否有符合条件的职工记录;
    if(有符合条件的记录)
    {
      创建一个新的临时文件;
      while(原信息文件中记录未读完)
      {
        读出原信息文件中的下一条记录;
        if(此条记录不是待删除记录)
          写入临时文件中去;
      }
      关闭原信息文件;
      关闭临时文件;
      删除原信息文件;
      将临时文件的名字改为原信息文件的名字;
    }
  }
  else
    提示没有符合条件的记录存在;
}
```

（6）菜单选择模块：

```
给出信息提示;
清屏;
绘制菜单(包含输入、显示、查询、修改、删除、退出);
提示菜单选择并读入到变量;
返回变量的值;
```

6.4　参考程序

```
#include <stdio.h>
#include <string.h>
#include <stdlib.h>
#include <conio.h>

enum Sex{male, female};                    /*性别*/

enum Education{high, junior, college, master, doctor};      /*学历*/

struct Date                                /*日期*/
{
  int year;
  int month;
  int day;
};

struct Info
{
  char num[10];                            /*职工号*/
  char name[15];                           /*姓名*/
  enum Sex sex;                            /*性别*/
  struct Date birthday;                    /*出生年月*/
  enum Education education;                /*学历*/
  char duty[15];                           /*职务*/
  double wage;                             /*工资*/
  char addr[30];                           /*地址*/
  char phone[15];                          /*电话*/
};


char menu()                            /* 菜单选择函数 */
{
  char n;                              /* n记录选择的菜单 */
  clrscr();                            /*清屏*/
  puts("\t\t   Welcome to employee management system ");
  puts("\t\t*******************MENU*******************\n");
  puts("\t\t\t\t1.Append inform\n");
  puts("\t\t\t\t2.Display inform\n");
  puts("\t\t\t\t3.Search inform\n");
  puts("\t\t\t\t4.Modify inform\n");
  puts("\t\t\t\t5.Delete inform\n");
  puts("\t\t\t\t6.Exit\n");
  puts("\t\t******************************************\n");
  printf("Choose your number(1-6):[ ]\b\b");
  while(1)
  {
     n=getchar();getchar();
     if(n<'1'||n>'6')
       printf("Input error,please input again(1-6):[ ]\b\b");
     else
       break;
  }
```

```
  return n;
}

void append()                        /*信息输入函数*/
{
  struct Info info;
  FILE * fp;
  char ch;
  char temp[10];
  if((fp=fopen("inform.txt","ab")) == NULL)
  {
    printf("\tCan not open the inform file!");
    getch();
    exit(1);
  }
  do
  {
    printf("\tnum:");gets(info.num);
    printf("\tname:");gets(info.name);

    printf("\tsex(male or female):");gets(temp);
    if(!strcmp(temp,"female"))  info.sex=female;
    else  info.sex=male;

    printf("\tbirthday(yyyy/mm/dd):");
    scanf("%d/%d/%d",&info.birthday.year,&info.birthday.month,\
    &info.birthday.day);
    getchar();

    printf("\teducation:");gets(temp);
    if(!strcmp(temp,"doctor"))  info.education=doctor;
    else if(!strcmp(temp,"master"))  info.education=master;
    else if(!strcmp(temp,"college"))  info.education=college;
    else if(!strcmp(temp,"junior"))  info.education=junior;
    else info.education=high;

    printf("\tduty:");gets(info.duty);
    printf("\twage:");gets(temp); info.wage=atof(temp);
    printf("\taddress:");gets(info.addr);
    printf("\tphone:");gets(info.phone);
    fwrite(&info,sizeof(info),1,fp);

    printf("\tAny more?(Y/N):[ ]\b\b");
    ch=getchar(); getchar();
  }while(ch=='Y'||ch=='y');
  fclose(fp);
}

void print1()
{
  printf("%-8s%-10s%-8s%-12s%-15s%-8s%-15s%-15s%-10s\n","nun",\
  "name","sex","birthday","education","duty",\
  "wage","address","phone");
}
```

```
void print2(struct Info info)
{
 printf("%-8s%-10s",info.num,info.name);
 if(info.sex==male)  printf("%-8s","male");
 else printf("%-8s","female");
 printf("%-4d/%-2d/%-4d",info.birthday.year,\
 info.birthday.month,info.birthday.day);
 if(info.education==high)  printf("%-15s","high");
 else if(info.education==junior)  printf("%-15s","junior");
 else if(info.education==college) printf("%-15s","college");
 else if(info.education==master)  printf("%-15s","master");
 else  printf("%-15s","doctor");
 printf("%-8s%-15.2lf",info.duty,info.wage);
 printf("%-15s%-10s\n",info.addr,info.phone);
}

void display()                      /*职工信息显示函数*/
{
 struct Info info;
 FILE * fp;
 int total=0;
 if((fp=fopen("inform.txt","rb")) == NULL)
 {
  printf("\tCan not open the inform file!");
  getch();
  exit(1);
 }
 while(fread(&info, sizeof(info),1,fp)==1)
 {
  total++;
  if(total==1)print1();
  print2(info);
  if((total!=0)&&(total%5==0))
  {
   printf("\n\n\tPress any key to continue......");
   getch();
   puts("\n\n");
   print1();
  }
 }
 fclose(fp);
 printf("\n\n\tThere are %d record in all!",total);
 getch();
}

void search()                       /*信息查询函数*/
{
 struct Info info;
 FILE * fp;
 int flag;                          /*flag 为 1 按编号查询，flag 为 2 按姓名查询*/
 int total=0;                       /*记录符合条件的记录的个数*/
 char ch[10];
 char f;

 if((fp=fopen("inform.txt","rb"))==NULL)
```

```
  {
   printf("\tCan not open the inform file!");
   getch();
   exit(1);
  }

  do
  {
   rewind(fp);
   printf("\n\nSearch by(1:num 2:name):[ ]\b\b");
   while(1)
   {
     scanf("%d",&flag);getchar();
     if(flag<1||flag>2)
       printf("Input error,please input again(1:num 2:name):[ ]\b\b");
     else
       break;
   }

   if(flag==1)                         /*按编号进行查询*/
   {
     printf("Please input the num you want to search:");
     gets(ch);
     total=0;                          /*符合条件的记录数*/
     while(fread(&info, sizeof(info),1,fp)==1)
       if(strcmp(ch,info.num)==0)
       {
         total++;
         if(total==1)print1();
         print2(info);
       }
   }
   else                                /*按姓名进行查询*/
   {
     printf("Please input the name you want to search:");
     gets(ch);
     total=0;                          /*符合条件的记录数*/
     while(fread(&info, sizeof(info),1,fp)==1)
       if(strcmp(ch,info.name)==0)
       {
         total++;
         if(total==1)print1();
         print2(info);
       }
   }
   printf("\n\n\tThere are %d record included!\n",total);
   printf("Search any more?(Y/N):[ ]\b\b");
   f=getchar(); getchar();
  }while(f=='Y'||f=='y');
  fclose(fp);
}

void modify()                          /*信息修改函数*/
{
  struct Info info;
```

```
FILE * fp1,*fp2;
int flag;
char ch[10];
char f;
char temp[10];

do
{
  if((fp1=fopen("inform.txt","rb"))==NULL)
  {
    printf("\tCan not open the inform file!");
    getch();
    exit(1);
  }
  if((fp2=fopen("temp.txt","wb"))==NULL)
  {
    printf("\tCan not creat the temp file!");
    getch();
    exit(1);
  }
  printf("Please input the num you want to modify:");
  gets(ch);
  flag=0;
  while(fread(&info, sizeof(info),1,fp1)==1)
  {
    if(strcmp(ch,info.num)==0)
    {
      print1();
      print2(info);
      printf("\n\nPlease input the new information:\n");
      printf("\tnum:");gets(info.num);
      printf("\tname:");gets(info.name);
      printf("\tsex(male or female):");gets(temp);
      if(!strcmp(temp,"female"))info.sex=female;
      else  info.sex=male;
      printf("\tbirthday(yyyy/mm/dd):");
      scanf("%d/%d/%d",&info.birthday.year,&info.birthday.month,\
      &info.birthday.day);
      getchar();

      printf("\teducation:");gets(temp);
      if(!strcmp(temp,"doctor"))  info.education=doctor;
      else if(!strcmp(temp,"master"))  info.education=master;
      else if(!strcmp(temp,"college"))  info.education=college;
      else if(!strcmp(temp,"junior"))  info.education=junior;
      else info.education=high;

      printf("\tduty:");gets(info.duty);
      printf("\twage:");gets(temp); info.wage=atof(temp);
      printf("\taddress:");gets(info.addr);
      printf("\tphone:");gets(info.phone);
      flag=1;
      break;
    }
    fwrite(&info,sizeof(info),1,fp2);
```

```
    }
    fclose(fp1);
    fclose(fp2);
    if(flag==1)
    {
      printf("Modify sucess!\n");
      remove("inform.txt");
      rename("temp.txt","inform.txt");
    }
    else
      printf("Can not find this record!\n");
    printf("Modify any more?(Y/N):[ ]\b\b");
    f=getchar(); getchar();
  }while(f=='Y'||f=='y');
}

void delete()                              /*信息删除函数*/
{
  struct Info info;
  FILE * fp1,*fp2;
  int flag;
  char ch[10];
  char f;
  char temp[10];

  do
  {
    if((fp1=fopen("inform.txt","rb"))==NULL)
    {
      printf("\tCan not open the inform file!");
      getch();
      exit(1);
    }
    if((fp2=fopen("temp.txt","wb"))==NULL)
    {
      printf("\tCan not creat the temp file!");
      getch();
      exit(1);
    }
    printf("Please input the num you want to delete:");
    gets(ch);
    flag=0;
    while(fread(&info,sizeof(info),1,fp1)==1)
    {
      if(strcmp(ch,info.num)==0)
      {
        print1();
        print2(info);
        flag=1;
        break;
      }
      else
        fwrite(&info,sizeof(info),1,fp2);
    }
    fclose(fp1);
```

```
    fclose(fp2);
    if(flag==1)
    {
      printf("Delete sucess!\n");
      remove("inform.txt");
      rename("temp.txt","inform.txt");
    }
    else
      printf("Can not find this record!\n");
    printf("Delete any more?(Y/N):[ ]\b\b");
    f=getchar();getchar();
  }while(f=='Y'||f=='y');
}

int  main()
{
  while(1)
    switch(menu())
    {
      case '1':append();break;
      case '2':display();break;
      case '3':search();break;
      case '4':modify();break;
      case '5':delete();break;
      case '6':exit(0);break;
  return0;}
}
```

参 考 文 献

[1] 谭浩强，张基温，唐永炎. C 语言程序设计教程[M]. 2 版. 北京：高等教育出版社，1998.

[2] 谭浩强，张基温. C 语言习题集与上机指导[M]. 2 版. 北京：高等教育出版社，1998.

[3] 杨路明. C 语言程序设计教程[M]. 北京：北京邮电大学出版社，2003.

[4] 杨路明. C 语言程序设计上机指导与习题选解[M]. 北京：北京邮电大学出版社，2003.

[5] 谭浩强. C 语言程序设计[M]. 2 版. 北京：清华大学出版社，1999.

[6] 任志宏，程超. C 语言经典范例 50 讲[M]. 北京：中国物资出版社，2004.

[7] 刘福基. C 语言程序设计实训教程[M]. 北京：科学出版社，2004.

[8] 苏小红，陈惠鹏，孙志岗. C 语言大学实用教程[M]. 北京：电子工业出版社，2004.